WEATHERFORD

欠平衡钻井技术

〔荷〕Steve Nas 等著
孙振纯 杜德林 编译

石油工业出版社

内 容 提 要

本书用简练的语言全面系统地介绍了欠平衡钻井的定义,如何进行欠平衡钻井,详细钻井设计,人员培训与选择,HSE 规划,主要的欠平衡钻井服务公司等内容。本书注重理论与实践相结合,在系统介绍欠平衡钻井基本概念和理论方法的同时,提供了大量现场设备照片,方便了读者理解相关内容。

本书适合从事油气勘探、钻采工程、油气田开发工程、应用化学的技术人员以及相关研究院所的科研人员、高等院校师生参考。

图书在版编目（CIP）数据

欠平衡钻井技术 /〔荷〕Steve Nas 等著;孙振纯,杜德林编译.

北京:石油工业出版社,2009.11

书名原文:Introduction to Underbalanced Drilling

ISBN 978-7-5021-7353-1

Ⅰ.欠…

Ⅱ.①纳…②孙…③杜…

Ⅲ.油气钻井－技术

Ⅳ.TE249

中国版本图书馆 CIP 数据核字（2009）第 160594 号

本书经 Weatherford International 授权出版,中文版权归石油工业出版社所有,侵权必究。

著作权合同登记号:图字 01-2009-3466

All rights reserved. No part of this book may be reproduced, stored in a retrieval system, or transcribed in any form or by any means, electronic or mechanical, including photocopying or recording, without the prior permission of the publisher.

出版发行:石油工业出版社

（北京安定门外安华里 2 区 1 号　100011）

网　　址:www.petropub.com.cn

编辑部:（010）64523694　发行部:（010）64523620

经　销:全国新华书店

印　刷:石油工业出版社印刷厂

2009 年 11 月第 1 版　2009 年 11 月第 1 次印刷

787×1092 毫米　开本:1/16　印张:7

字数:176 千字

定价:50.00 元

（如出现印装质量问题,我社发行部负责调换）

版权所有,翻印必究

目　录

1 绪论 ·· 1
　1.1 编写目的 ··· 1
　1.2 提速钻井 ··· 1
　1.3 控制环空压力钻井 ··· 2
　1.4 欠平衡钻井的定义 ··· 3
　1.5 欠平衡钻井的历史 ··· 4
　1.6 进行欠平衡钻井的原因 ··· 5
　1.7 欠平衡钻井与过平衡钻井的对比 ··· 6
　1.8 欠平衡钻井的缺点和局限性 ··· 7
　1.9 欠平衡钻井分级体系 ·· 8

2 如何进行欠平衡钻井 ·· 10
　2.1 数据收集 ··· 10
　2.2 评价 ··· 14
　2.3 欠平衡钻井的可行性 ·· 17

3 详细钻井设计 ··· 19
　3.1 循环系统设计 ··· 19
　3.2 流动模型 ··· 37
　3.3 钻柱及井下工具设计 ·· 52
　3.4 设备选择 ··· 60
　3.5 井控策略 ··· 76
　3.6 人员选择 ··· 81
　3.7 培训和资格 ·· 82
　3.8 作业程序 ··· 83
　3.9 欠平衡井的完井 ·· 85
　3.10 井下作业 ·· 87
　3.11 工艺流程图 ··· 88

  3.12 钻机与工区布置 ·· 89

  3.13 健康、安全和环境规划 ·· 89

  3.14 详细成本估算 ··· 90

  3.15 欠平衡钻井方案 ·· 91

4 重要的欠平衡钻井事件 ·· 93

附录 1 欠平衡钻井服务公司 ·· 95

附录 2 常用缩写 ·· 96

参考文献 ·· 97

1 绪论

本书旨在为读者介绍当今欠平衡钻井技术的概况，不打算包罗万象。它可以作为欠平衡钻井技术的指南，阐明怎样、何时，以及为什么要进行欠平衡钻井。

1.1 编写目的

本书的编写目的是为了促进读者对欠平衡钻井技术和相关作业的了解，同时它也提供了风险识别与评估的基本知识。在绪论中还简短介绍了控制环空压力钻井和提速钻井，以期对欠平衡钻井和相关技术做一个完整的综述。

目前威德福公司欠平衡钻井部门可以提供三种技术服务，即提速钻井、控制环空压力钻井、欠平衡钻井（图1.1）。

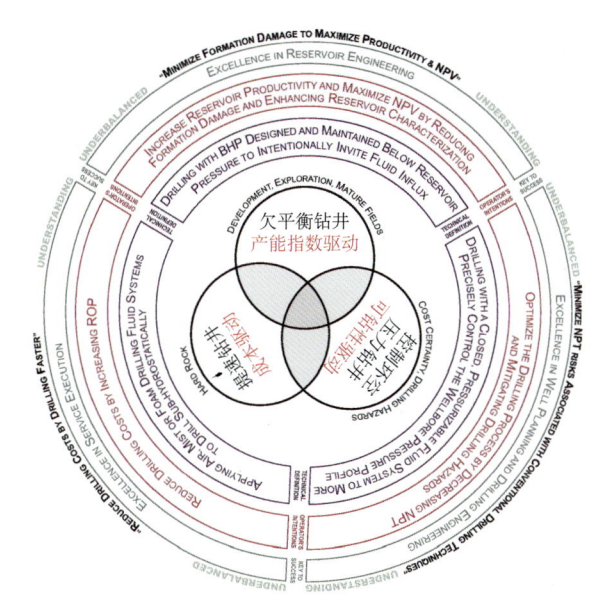

图 1.1　威德福公司可提供的三种钻井技术服务

- 提速钻井（PD）。

该项技术旨在通过尽可能降低井眼压力而实现最大机械钻速。

- 控制环空压力钻井（MPD）。

该项技术旨在精确地管理和控制环空压力，使井底压力很接近于孔隙压力。

- 欠平衡钻井（UBD）。

该项技术旨在减轻地层伤害、发现可能被遗漏的油层、增加储量，最终可以提高净现值（NPV）。欠平衡油气藏钻井时可以边钻进边试采。

1.2 提速钻井

提速钻井是早期经常采用的用来提高机械钻速的钻井技术（图1.2）。在提速钻井过程中，井底压力应尽可能低,以提高钻井效率。

提速钻井过程中的地层压力与井底压力情况:$p_{地层} \gg p_{井底}$;$p_{井底} = p_{液柱} + p_{摩擦} + p_{节流}$。

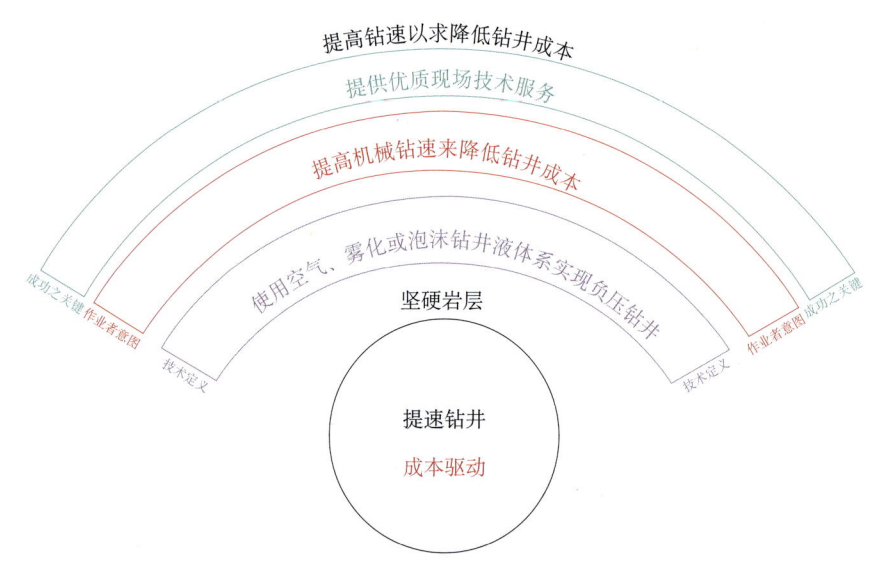

提速钻井是通过提高机械钻速从而降低钻井成本,通常使用天然气、空气作为循环介质。降低井底循环压力可以大幅度提高机械钻速。

图1.2 提速钻井的定义

1.3 控制环空压力钻井

随着欠平衡钻井的应用和发展,一些相关技术相继出现,控制环空压力钻井技术就是其中之一,其定义如下(图1.3)。

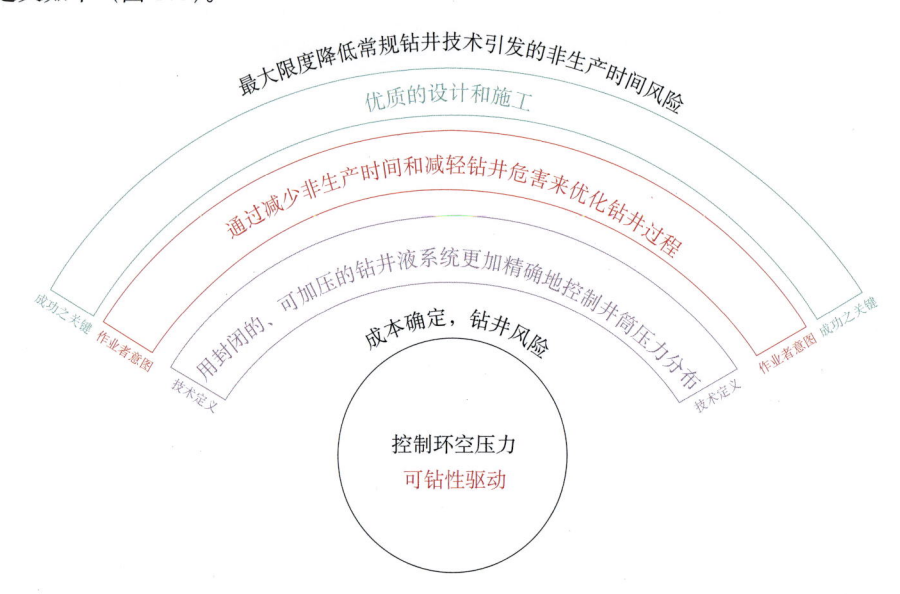

图1.3 控制环空压力钻井的定义

控制环空压力钻井是一种改进的钻井工艺，用于精确控制整个井筒的环空压力剖面。其目的是对井下压力状况做到胸中有数，并据此控制环空液柱压力。

这就意味着可以随时对环空压力剖面进行控制，以便在任何时刻都能实现井中的压力平衡。

控制环空压力钻井过程中的储层压力与井底压力情况：$p_{储层} = p_{井底} = p_{液柱} + p_{摩擦} + p_{节流}$。

1.4 欠平衡钻井的定义

国际钻井承包商协会（IADC）的欠平衡钻井委员会对欠平衡钻井的定义如下（图1.4）。

钻进中使用的静液柱压力人为地设计成低于所钻地层压力。静液柱压力可以自然低于地层压力，也可以人为实现。人为负压状态的形成，可通过向钻井液中加入天然气、氮气或空气实现。无论负压状态是人为的还是自然的，都可能会使地层流体流入井眼，必须将进入井眼的地层流体循环出来，并在地面加以控制。

这实际上意味着在欠平衡钻井过程中，为了让油气藏流体流入井眼，应把井眼中的当量压力总是维持在低于油气藏压力的水平。

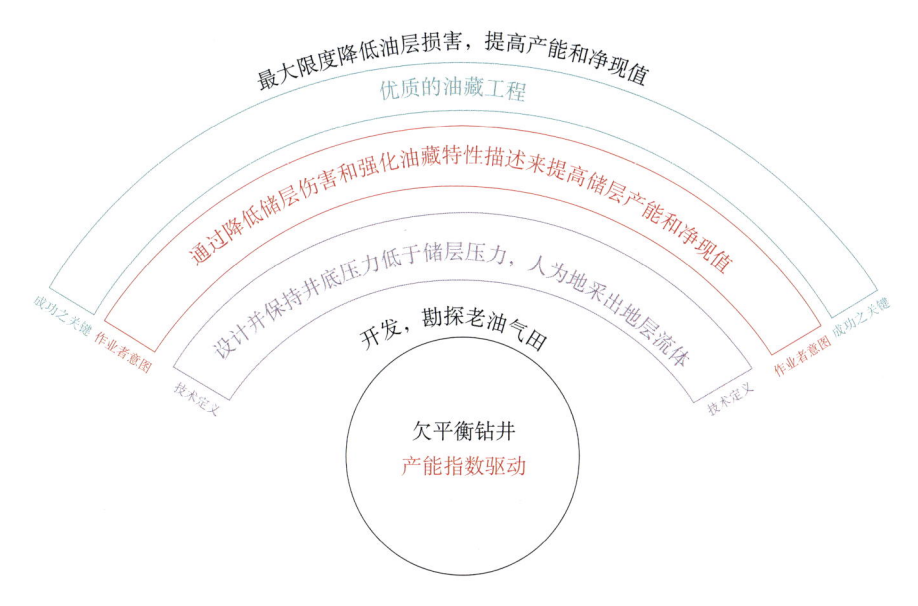

图1.4 欠平衡钻井的定义

这三项技术使用的设备中有些是相同的，但设备的使用环境不同（图1.5）。

本书主要讨论欠平衡钻井以及相关的设备和技术，提速钻井和控制环空压力钻井并不过多涉及。

在欠平衡钻井中，井眼压力总是维持在低于油气藏压力的水平，因此在整个钻井过程中都要仔细控制流入的油气藏流体。

欠平衡钻井过程中的储层压力与井底压力情况：$p_{储层} > p_{井底}$；$p_{井底} = p_{液柱} + p_{摩擦} + p_{节流}$。

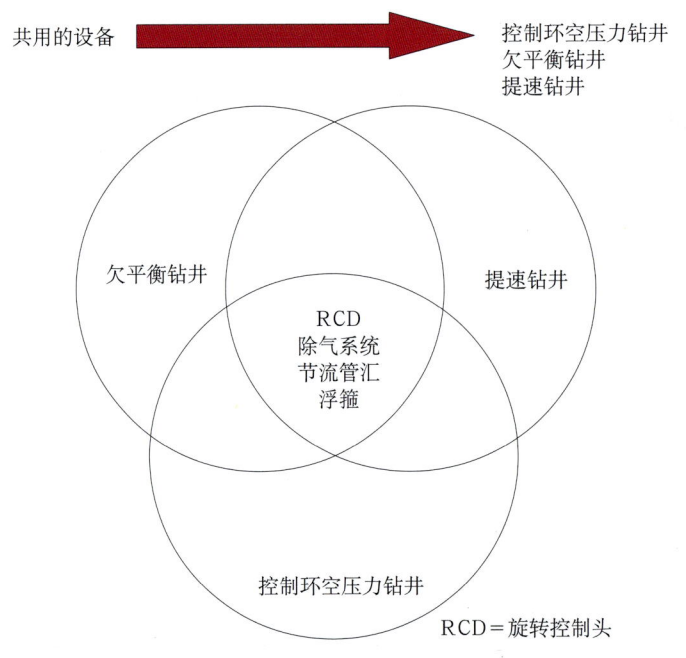

图 1.5　控制环空压力钻井、欠平衡钻井、提速钻井的共用设备

井底压力仍然处于受控状态，但该压力维持在低于油气藏压力的水平。一级井控不再单纯地由产生过压的静液柱来提供，而是由液柱压力、摩擦压力和节流压力的组合来控制流动。防喷器组作为二级井控屏障。必须指出的是，欠平衡钻井作业中仅仅依靠单一的屏障。

井底循环压力是静液柱压力、摩擦压力和地面节流压力的总和。

静液柱压力被认为是一个被动压力，是井眼中钻井液密度、钻屑和混入气体共同作用的结果。

摩擦压力是一个动态压力（随开泵、停泵而变化），产生于钻井液的循环摩擦。

节流压力来源于从地面施加的环空回压。

这三个压力随时都要处于受控状态，在欠平衡钻进的同时，保证流体的流动也要得到控制。

较低的静液压头可以避免在油气藏表面形成泥饼，也可避免泥浆和钻屑侵入油气藏内部。这有助于提高产能，减少钻井施工中与压力有关的任何问题。

1.5　欠平衡钻井的历史

自从石油勘探开始以来，就有了欠平衡钻井。所有顿钻钻井都是欠平衡钻进的，我们中的大多数人都曾看到过钻遇油气藏时发生井喷的照片。1895 年以前所有的油井都是欠平衡钻井完成的。

1895 年投入使用的旋转钻井技术需要使用循环介质。起初使用的循环介质是清水，为强化施工安全和井眼清洁，1920 年研发出了泥浆体系，继续施行过压钻进。

随着更深更大的油气藏被发现，油层保护问题变得不太重要了。直到 20 世纪 80 年代，才在奥斯汀灰岩钻出了第一口欠平衡井，拉开了 20 世纪 90 年代初在加拿大开始的现代欠平衡钻井的序幕（表 1.1）。

表 1.1　钻井大事件时间表

时　间	钻井大事件
1284 年	在中国完成第一口顿钻井
1859—1895 年	所有井均是欠平衡钻进
1895 年	旋转钻井，用水作循环介质
1920 年	首次使用泥浆体系
1928 年	首次使用防喷器组
1932 年	首次使用充气钻井液
1955 年	吹尘或空气钻井开始流行
1988 年	在奥斯汀灰岩欠平衡钻出了第一口高压气井
1993 年	在加拿大钻出了第一批欠平衡井
1995 年	在德国钻出了第一批欠平衡井
1997 年	在海上钻出了第一批欠平衡井

1997 年，也就是第三届国际欠平衡钻井大会之后，作业者之间的国际合作开始了。由于壳牌和美孚公司希望获得更多的信息以及加强合作，成立了第一批委员会，以保证海上油气井能够安全地进行欠平衡钻进。

1998 年，IADC 在欠平衡钻井的安全方面走在了前面，成立了 IADC 欠平衡钻井委员会，目的在于加强欠平衡钻井作业中的安全工作。该委员会制定了欠平衡钻井分类框架，目前仍然在制定更加安全、更加高效的欠平衡钻井方法和程序。更好的流动模拟系统和培训系统与作业者之间经验共享相结合，使得欠平衡钻井成为提高枯竭油田产量和评价新油田油气藏的主要技术之一。

1.6　进行欠平衡钻井的原因

应用欠平衡钻井的原因可以分为三大类（图 1.6）：
- 最大限度地减少钻井施工中与压力有关的问题。
- 减少油层伤害，提高产能。
- 边钻进边进行油气藏描述。

应用欠平衡钻井的第一个原因常常是为了减少循环漏失，避免压差卡钻等与压力有关的问题，提高机械钻速。这些原因现在仍然广泛作为是否应用欠平衡钻井的决策依据，但今天解决这些问题更好的方法是进行控制环空压力钻井。

应用欠平衡钻井的另一个原因是为了消除因泥浆、颗粒和滤液侵入油气藏所造成的油层伤害，进而提高油气藏产能。因此，降低表皮系数就成了选择欠平衡钻井的主要依据。

最近，一些作业者为了边钻进边定性油气藏而使用了欠平衡钻井，在钻进过程中就可以识别油气藏特征，并且对井眼轨迹和井段长度进行优化，以便提高油气藏产能并发现潜在产层。

作业者考虑欠平衡钻井的主要原因是为了避免在油气层钻进时出现问题，尤其是油气藏开始枯竭，井漏与压差卡钻概率的增加使得加密水平钻井更具有挑战性时。

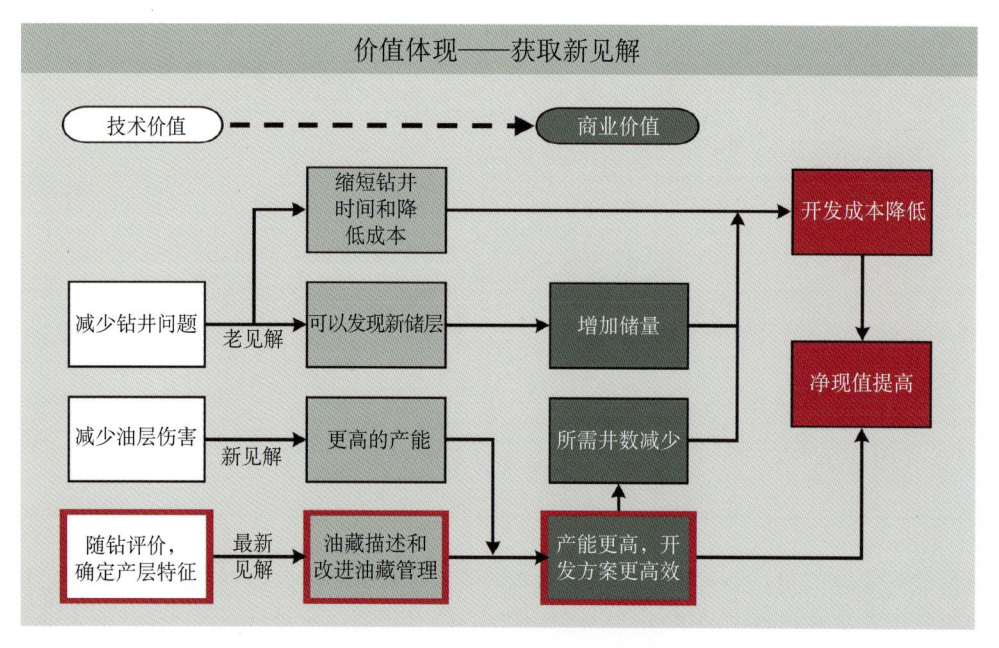

图1.6 进行欠平衡钻井的原因

如果要在油气层中维持欠平衡，起下钻作业就会变得较慢并更为复杂，因此在油气层中钻进时，提高钻速从来都不是选择欠平衡钻井的主要原因。

人们发现在钻井和完井作业中维持欠平衡条件，可使油气藏的产能增加大约300%（SPE 91559期）。

随着实践经验的积累和更好的欠平衡系统的开发，油气藏描述成为作业者考虑使用欠平衡钻井的更主要原因。掌握储层的特征，如裂缝和高渗透夹层情况，可以降低钻井成本，提高储层产能（图1.7）。

世界上某些地区通过采用欠平衡钻井，原来因过平衡钻井而被遗漏的油气层被发现并且开发。

1.7 欠平衡钻井与过平衡钻井的对比

将过平衡钻井与欠平衡钻井加以对比，就能使我们认识到这两种技术之间的主要差别（图1.8）。

在过平衡钻井作业时，泥浆的侵入和井眼中的静液柱压力可能会掩盖潜在的产层。一旦开始采油，油层伤害常常难以消除或清洗，在水平井中尤其是如此。低孔低渗地层可能再也无法清洗，这可能导致很长的井段（尤其是水平段）没有产能。井漏和压差卡钻问题可能会十分严重，在枯竭油气藏中很多井可能根本无法钻达设计井深。

在欠平衡钻井作业过程中经常可以发现新的储层，由于对油层没有伤害或伤害很小（包括致密井段），因而可以提高产量。由于液柱压力低于油气藏压力，所以不会发生井漏和压差卡钻。

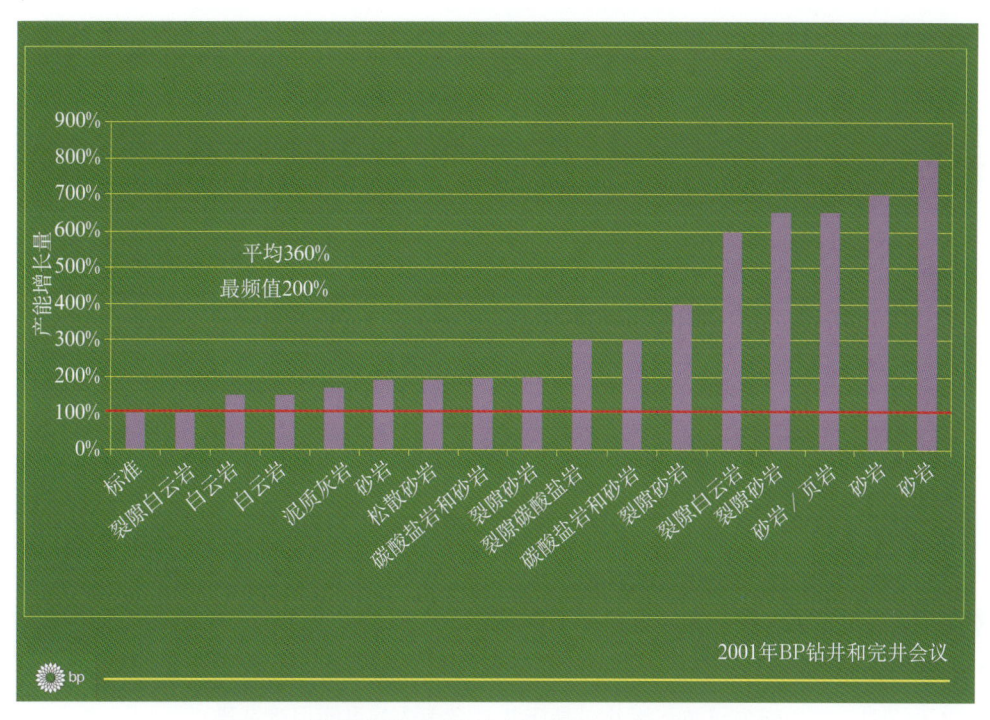

图 1.7　储层类型不同井的产能增长量（据 BP，2001）

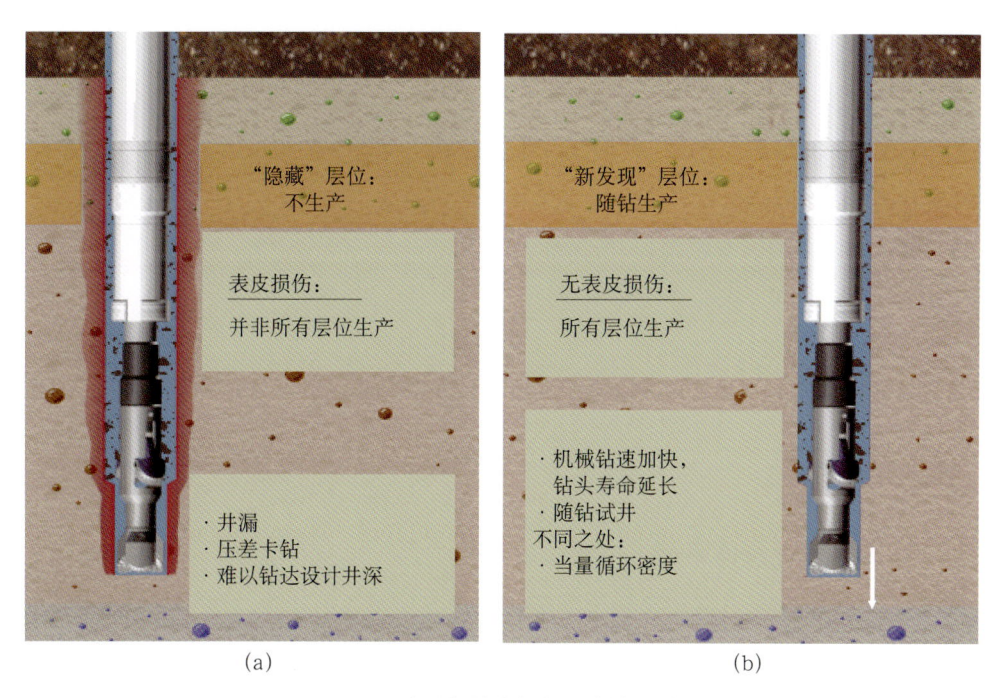

图 1.8　过平衡钻井与欠平衡钻井对比
(a) 过平衡钻井；(b) 欠平衡钻井

1.8　欠平衡钻井的缺点和局限性

欠平衡钻井有不少优点，同时它也有一些特定的缺点。将欠平衡钻井的优缺点进行比较，有助于作业者进行考虑和选择（表1.2）。

表1.2 欠平衡钻井的优缺点

欠平衡钻井	
优　点	缺　点
减轻油层伤害	潜在的井眼稳定问题
消除压差卡钻	日费增加
降低井漏风险	由于其固有问题，一般来说风险较高
提高机械钻速	起下钻作业更复杂
延长钻头寿命	扭矩和摩阻可能上升
利于油气藏描述	钻井装备更复杂
	需要更多的人员

欠平衡钻井不是只有优点，在进行欠平衡钻井作业之前，也必须仔细考虑该技术的局限性。除了安全和经济方面，欠平衡钻井还有诸多技术上的局限性。

对欠平衡钻井可能产生不利影响的有下列因素：

- 井眼稳定问题。
- 由于流动控制和安全问题，深井、高压井、高渗透井可能很难钻进。
- 地层过量出水。
- 在井眼造斜点附近的高产层会对欠平衡条件造成不利影响。
- 不遵循公认的设计指南。
- 在有些钻井、完井作业过程中，需要靠静液柱压力压井。
- 小井眼环空压耗太高。
- 地层压力过高或岩性变化大。
- 作业者代表干涉欠平衡钻井专家决策。
- 含 H_2S 井的作业更复杂，健康、安全、环保问题更突出。
- 产出液的处置。
- 产出气的燃烧。
- 冲蚀和腐蚀风险。

1.9 欠平衡钻井分级体系

国际钻井承包商协会（IADC）制定的分级体系有助于我们认识与欠平衡钻井相关的风险（表1.3）。

关于欠平衡技术主要应用的分类，请参考表1.4。

该分类体系将上面定义的风险级别（0级至5级）与第二层次分类相结合，用来表明一口井是"欠平衡钻进"还是利用欠平衡技术用"低压头"钻进。为了提供一口井中一个或多个井段，或一个具体项目中的多口井所用技术的完整分类方法，还使用了第三层次分类代表所用的欠平衡技术。

表1.3　国际钻井承包商协会（IADC）欠平衡钻井分级体系

级　别	风　　险
0级	只是为了提高作业效率，未钻遇油气层
1级	井底压力不足以使地层流体自发地流到地面。井眼"天生稳定"，从井控的观点看风险低
2级	井底压力能够使地层流体自发地流到地面，但使用常规压井方法可以控制，即使设备完全失效，造成的后果也不严重
3级	当地热井与非油气井进行欠平衡钻井时，最大关井压力低于欠平衡钻井设备的额定工作压力，设备完全失效时会立即造成严重后果
4级	当采油气井进行欠平衡钻井时，最大关井压力低于欠平衡钻井设备的额定工作压力，设备完全失效时会立即造成严重后果
5级	最大预期井口压力超过欠平衡钻井设备的额定工作压力，但低于防喷器组的额定压力，设备完全失效时会立即造成严重后果

表1.4　欠平衡钻井技术主要应用的分类

分　级	0		1		2		3		4		5	
A＝低压头，B＝欠平衡钻井	A	B	A	B	A	B	A	B	A	B	A	B
气体钻井	1	1	1	1	1	1	1	1	1	1	1	1
雾化钻井	2	2	2	2	2	2	2	2	2	2	2	2
泡沫钻井	3	3	3	3	3	3	3	3	3	3	3	3
充气钻井液	4	4	4	4	4	4	4	4	4	4	4	4
钻井液	5	5	5	5	5	5	5	5	5	5	5	5

分级体系应用示例：在一个地质条件已知的区块钻一口井的水平段，应使用充氮气的钻井液，以便在油气藏段实现欠平衡。该井预期的最高井底压力为3000psi❶，井口关井压力为2500psi。该井的级别将定为4-B-4，根据表1.4可知其风险级别为4，采用欠平衡钻进，使用介质为充气钻井液。

风险级别为4级或5级的所有欠平衡钻井作业，都要进行精心策划，以保证安全钻进。

可从IADC网站获得更多信息，网址为：www.iadc.org。

---

❶ 1psi=6895Pa。

2 如何进行欠平衡钻井

在选择和收集设备之前，必须要选择好候选油气藏，确定正确的井位及合适的欠平衡钻井方法。欠平衡钻井的难点之一就是在钻进的同时采出油气藏流体，要完全弄清楚与之相关的一些问题并非易事。

因为在钻进和起下钻作业中，需采取何种措施均应视油气藏情况而定，所以在常规钻井中一些做法现在都不再适用了。为了保证在欠平衡钻井作业开始之前将这些问题都考虑到，制定了欠平衡钻井项目管理路线图（图2.1），设计了考虑问题的标准次序。该路线图能够为成功地进行欠平衡作业奠定基础。

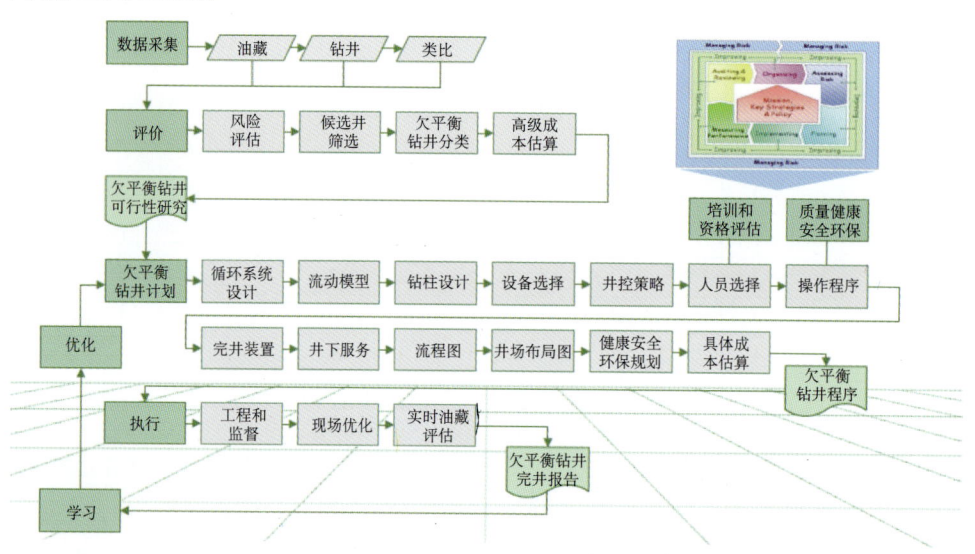

图 2.1　欠平衡钻井项目管理路线图

2.1 数据收集

为了弄清楚某个油气藏是否适合欠平衡钻井，需要收集和分析大量数据（图2.2）。在欠平衡钻井项目的初期，就要确定项目实施的目的和原因。在项目准备期间，目的和原因必须是持续关注的焦点。

图 2.2　数据收集流程

2.1.1 油气藏数据

油气藏数据收集是成功进行欠平衡钻井项目的第一步。欠平衡钻井通常未能实现预期目的的原因是选择了不合适的油气藏，或是选用了不合适的钻井技术。到目前为止，尚没有一个简便而可靠的方法来筛选欠平衡钻井项目、找准项目中的难点，或量化地给出项目的预期结果。威德福的适合欠平衡钻井油气藏评价程序（Suitable Underbalanced Reservoir Evaluation，缩写为 SURE）和 SURE 工作小组完全改变了这一现状。SURE 使用油气藏筛选工具软件(Reservoir Screening Tools，缩写为 RST™) 使得筛选过程大为简化，使用油气藏伤害评价软件（Reservoir Damage Assessment，缩写为 RDA™）提供深层次的分析，并能够生成一个以风险为基础的经济模型，以帮助决策。

SURE 程序中需要收集的油气藏数据包括：
- 油气藏埋深。
- 油气藏压力。
- 油气藏温度。
- 岩性。
- 有效厚度与总厚度的比值。
- 裂缝数据（是否为天然裂缝油气藏）。
- 油水界面／油气界面。
- 渗透率与孔隙度。
- 将会产出什么流体？
- 有无油气藏岩心分析数据？有无岩心可用于油气藏伤害分析？
- 从邻井可获得哪些生产数据？
- 将采用什么样的油气藏模型？
- 确定目的层位的根据是什么？

对一个特定油气藏收集的信息越多，能够进行的分析就越彻底，而分析的目的是确定该油气藏采用欠平衡钻井是否有益。

2.1.1.1 油气藏筛选工具软件（RST™）

为了运行油气藏筛选工具软件（RST™），需要输入基本油气藏数据、驱油机理、有无裂缝、井眼失稳风险、油气藏非均质性，以及孔隙度、水的饱和度、油气藏厚度、压力、粘土含量等储层基本特征的最小值／最可能值／最大值。

(1) RST™ 的工作原理。

在该方法中，RST™ 软件由数个模块组合而成，每个候选油气藏都要用它进行评价。这些模块是由经典的油层伤害理论与在世界范围内获得的欠平衡油气藏类比经验结合而开发的。

RST™ 软件使用蒙特卡洛模拟作为其组成部分，使用概率分布给出各个不确定油气藏参数的可能值。在模拟中，软件从这些概率分布中随机抽取可能的油气藏参数值，用来计算基于风险的欠平衡钻井的适用性级别。在数千次迭代之后，RST™ 对每一个油气藏给出一个适用性分值。该分值的范围为从 −100（用常规技术钻进）到 +100（用欠平衡技术钻进），0 分值是分界点（图 2.3）。

某些油气藏由于技术风险太大，无法进行欠平衡钻井，所以RST™考虑了一些额外因素。这些因素可能包括高的油气藏压力、井眼失稳或极低的孔隙压力梯度。

除了给出油气藏的欠平衡钻井适用性统计分布之外，RST™还能够进行储层敏感性分析。对每一个油气藏都给出了旋风图版，这样有助于理解哪个参数与适用性分值之间的相关性最大。相关性的类型（正或负）和大小，表明该输入参数对输出结果的影响程度。

（2）RST™的输出结果。

在RST™方法筛选研究结束以后，将会产生一份总结报告，所包括内容如下：

- 每个候选油气藏欠平衡钻井的适用性级别，以统计分布的形式给出；
- 所有候选油气藏的排序；
- 候选油气藏与类似油气藏的对比，后者已经被证明能够成功进行欠平衡钻井；
- 对影响候选油气藏适用性分值的各种因素的讨论；
- 储层敏感性分析；
- 基于以上信息，决定是否继续进行SURE程序的深入分析。

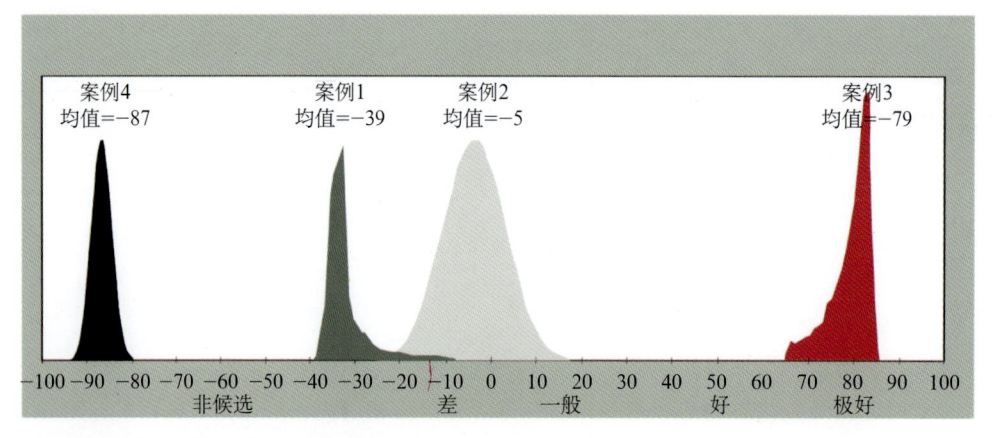

适合性	RST™分值	建议
极好	70～100	进行欠平衡钻井
好	40～69	进行欠平衡钻井或SURE第二阶段研究
一般	0～39	进行RDA™或SURE第二阶段研究
差	−21～0	取消候选资格或进行RDA™研究
非候选	−100～−21	取消欠平衡钻井的候选资格

图2.3 欠平衡钻井的适用性统计分布

2.1.1.2 SURE第二阶段

SURE第二阶段的目的，是为经过RST™筛选的油气藏提供一套以风险为基础的欠平衡钻井经济评价方法。此阶段会预测并比较过平衡钻井与欠平衡钻井的油层伤害机理和计算产能。

深入分析的第一步是收集大量地质、生产和油气藏数据，重点是具体的油气藏描述（岩相、X射线衍射、岩心分析等），并收集先前钻井、完井的实际数据。应由SURE小组和客户共同完成数据收集工作。在经过正式的QA/QC评估之后，将这些可靠的数据输入威德福专有油气藏伤害评估（RDA™）软件。

2.1.1.3 油气藏伤害评价软件（RDA™）

油气藏伤害评价软件是与 Hycal 能源研究实验室合作开发的，其中的数学模型独特而且严密，它能够预测井眼附近地层的伤害半径。另外，RDA™ 还考虑了井眼的实际位置和部分钻穿等因素对产能的不利影响，并对未进行酸化压裂的欠平衡井和过平衡完钻的井模拟了 11 种油层伤害机理。这个模型建立的基础是经典的油层伤害理论，辅之以虚拟的经验伤害评估结果。这些结果是从 RDA™ 所包含的大量的岩心和实验数据库中提取出来的。针对每一种伤害机理计算出的渗透率降低值，由井眼附近向地层深处外展，同时还给出了等效伤害半径。将伤害造成的渗透率降低值转换成表皮系数，然后输入 RDA™ 软件中基于 Babu & Odeh 的解析模型。对于更为复杂的油气藏另一种处理办法是将渗透率降低值输入油藏数模软件，进行更为严格的产能评估。

然后将获得的产量预测作为 SURE 第二阶段的下一步工作——经济模拟的基础数据。油气藏筛选的整个流程如图 2.4 所示。

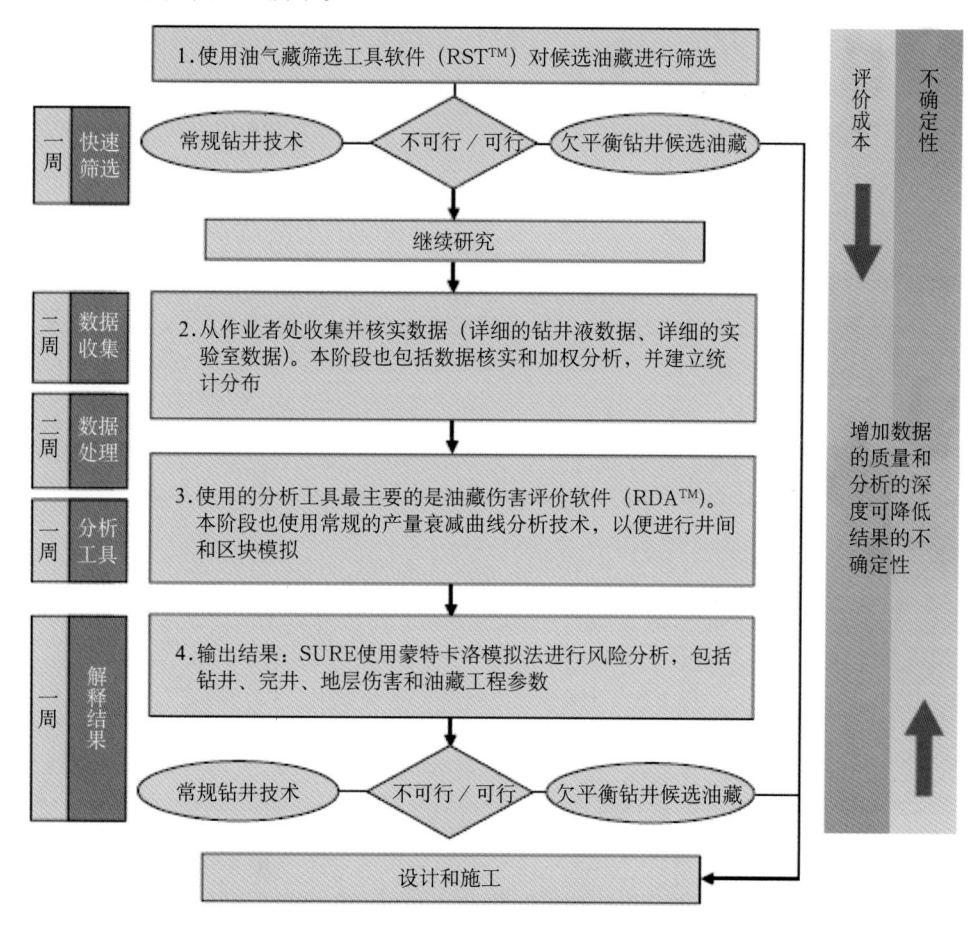

图 2.4 油气藏筛选流程图

2.1.2 钻井数据

除了油气藏数据外，还要收集大量钻井和井眼数据，主要是为了保证欠平衡钻井能够安全、高效地实施。

一些需要收集的钻井数据如下：
- 套管设计和下入深度；
- 采取的完井方式；
- 钻井的目的；
- 井眼定向轨迹剖面；
- 目的层位和预期油气藏钻穿深度；
- 油气藏钻进时常用的钻井参数；
- 本区块和邻井的钻井井史；
- 油气藏钻进时遇到的问题；
- 孔隙压力梯度和破裂压力梯度；
- 油气藏钻进时所用的钻井液；
- 钻进成本与钻井时间数据（以保证欠平衡钻井的经济效益）。

关于本区块和油气藏所掌握的信息越多，最终的方案就会越好；但毫无疑问的是欠平衡钻井作业开始后，仍然会遇到一些意外情况。

2.1.3 类比数据

作为油气藏选择过程的一部分，应当对所有采用欠平衡钻井的类似油气藏的相关资料进行回顾。分析相邻油气藏的生产数据，也可能会为欠平衡钻井作业提供有用信息。

欠平衡钻井服务商收集并保存的来自世界各地的类比数据，可以为某个特定油气藏确定最佳的欠平衡钻井作业方法。当然，SPE（石油工程师协会）论文也是一个非常好的信息资源。

2.2 评价

除了数据收集以外，还需要对油气藏进行评价（图2.5），确定油气藏是否真正能从欠平衡钻井技术中受益。有些油气藏不能采用欠平衡钻进，还有一些收益甚微。

图2.5 欠平衡钻井的油气藏评价流程

当然，在油气藏选择程序中也包括经济筛选。任何时候都不要忘掉项目的经济效益，如果经济效益无法实现，就必须对项目进行复审，也可能因此取消此项目。欠平衡钻井作业所获得的增值效益必须足以支付该技术的额外成本，这一限制常常是欠平衡钻井项目最难克服的。如果没有合适的理由说服油藏/采油工程师选用欠平衡钻井，并且让他们看到产能的提高，那么整个欠平衡钻井项目可能会永远停留在可行性研究阶段。

欠平衡钻井需要额外的设备和人力，由此带来的成本上升必须得到补偿。

一旦这些信息被收集和分析，如果分析结果表明欠平衡钻井绝对是最好的办法，并且从经济、技术两个方面来说都能够成功地开采油气资源，那么就应该进行设计过程的下一个步骤了。

2.2.1 风险评估

风险评估是欠平衡钻井技术选择过程中不可分割的组成部分，能够保证作业者了解欠平衡钻井潜在的风险。风险评估将在油气藏筛选过程中进行。

对油气井进行 IADC 分类实质上是全面风险评估的第一步（表1.3，表1.4）。对每一口采用欠平衡钻进的井，都要确定其 IADC 分类，这样就可给出潜在风险的第一个提示。

风险评估的下一步是对油气藏和产出液进行分析（表2.1）。

表2.1　油气藏和产出液分析

油气藏和产出液
产出液 ☐ 油/凝析油 ☐ 天然气 ☐ 水 **天然气产量** ○ (0~4) ×10⁶ft³/d ○ (4~11) ×10⁶ft³/d ○ (11~32) ×10⁶ft³/d ○ >32×10⁶ft³/d	**油/凝析油产量** ○ 0~315bbl/d ○ 315~1260bbl/d ○ >1260bbl/d **水产量** ○ 0~315bbl/d ○ 315~1260bbl/d ○ >1260bbl/d	斜深：　　　ft ● 垂深：　　　ft 油气藏压力：　　psi **预测硫化氢** ○ 有 ○ 无

油气藏风险评估就是分析预期产出液的类型，产气量和生产曲线，还要分析是否会有硫化氢产出，当然这都需要考虑油气藏的埋深和压力。

很明显，与低压油气藏相比，深的高压酸气藏的风险级别较高。

欠平衡钻井的原因和目的也是风险评估的重要部分。为减轻油层伤害而实施的欠平衡钻井，在任一时刻都需要维持欠平衡，因而作业的复杂程度更高。

为了对质量、健康、安全、环境部分进行评估，还要收集所需设备、所用钻井液体系、井场员工人数，以及井队员工的资料（表2.2，表2.3，表2.4）。

表2.2　欠平衡钻井技术和使用设备分析

技术/设备
采用欠平衡钻井的原因分级 　　1 2 3 4 ☐ ○○○○ 减轻油层伤害 ☐ ○○○○ 减少钻井问题：压差卡钻、井漏等 ☐ ○○○○ 提高效率（如：机械钻速） ☐ ○○○○ 其他原因（详细注明）：　　　　 ☐ 欠平衡钻开油气层时上部地层为裸眼 ☐ 水平井/大斜度井 ☐ 将使用泡沫做循环介质	**作业中将使用的设备** 　　　　　　　使用　WFT提供 分离器　　　☐　　☐ 压缩机　　　☐　　☐ 膜制氮　　　☐　　☐ 液氮　　　　☐　　☐ 雾化泵　　　☐　　☐ 旋转控制头　☐　　☐ 钻井液　　　☐　　☐ 防喷器组　　☐　　☐ 钻柱　　　　☐　　☐ 浮阀　　　　☐　　☐

● 1ft=0.3048m。

欠平衡钻井过程中的起下钻方法十分关键，避免钻柱被井底压力顶出井眼与采取不压井起下钻可以大幅度降低风险级别，同时还要考虑作业者的经验以及作业计划。

所有这些分析完成之后，将为该欠平衡钻井项目给出一个风险评估分值。这就是对潜在风险的一个快速评估，可以使承包商知道该项目将需要什么样的设备和作业人员。

表 2.3 质量、健康、安全、环境分析

质量、健康、安全、环境			
环境敏感性 ○ 低 ○ 中 ○ 高	钻井液体系 ○ 氮气/天然气 ○ 空气 ○ 水基钻井液 ○ 油基钻井液	欠平衡 □	起下钻方法： ○ 井下套管阀 ○ 不压井起钻 ○ 边流动边起钻 ○ 常规起钻	□ 井欠平衡工作经验不足3年 □ 没有应用WFT设计好的程序/模板 □ 没有实施设备标准操作规程

表 2.4 作业者经验分析

作业者经验	
□ 作业者的欠平衡钻井作业经验不足3年 □ 作业者在本区块几乎没有欠平衡钻井作业经验 □ 钻井工程师的欠平衡钻井作业经验不足3年 □ 钻井工程师在本区块几乎没有欠平衡钻井作业经验 □ 在本区块未进行可行性研究	作业者打算如何完成项目？ ○ 只租用设备 ○ 整体服务

2.2.2 选择油气藏

尽管大部分油气藏都有可能采用欠平衡钻进，但是不同的油气藏其复杂程度也大不相同。由于地层压力和岩石稳定性等地质因素，某些油气藏无法采用欠平衡法安全钻进。

为欠平衡钻井选择油气藏时，不仅要考虑欠平衡钻井的收益，同时还必须考虑其他一些因素。

为欠平衡钻井选择合适的油气藏是十分重要的。表 2.5 给出了能够从欠平衡钻井获益和不能获益的油气藏的特点。

表 2.5 采用欠平衡钻井能够获益和不能获益油气藏特点

能够获益油气藏	不能获益油气藏
油气层在钻井、完井作业中容易受到伤害，表皮系数为5或更高的井	使用常规钻井成本非常低的井
容易发生压差卡钻的地层	机械钻速非常高的井（ROP ≥ 1000 ft/d）
地层钻井、完井过程中发生严重漏失	渗透率极高的井
存在较大裂缝的井	渗透率极低的井
低渗透率井	胶结很差的地层
严重非均质性地层或层状地层，其特征是渗透率、孔隙度和喉道情况差别明显	井眼稳定性差的井
中低渗透率的高产油气藏	层状边界胶结松散的井
对钻井液敏感的地层	拥有多个层位、不同压力体系的井
过平衡钻进时ROP很低的地层	带有页岩或泥岩夹层的油气藏

2.2.3 欠平衡钻井分类

风险评估（图 2.6）的下一步是快速查看所钻井的类型，这样就可以更深入地安排项目计划，并可以给出更具体的设备需求。

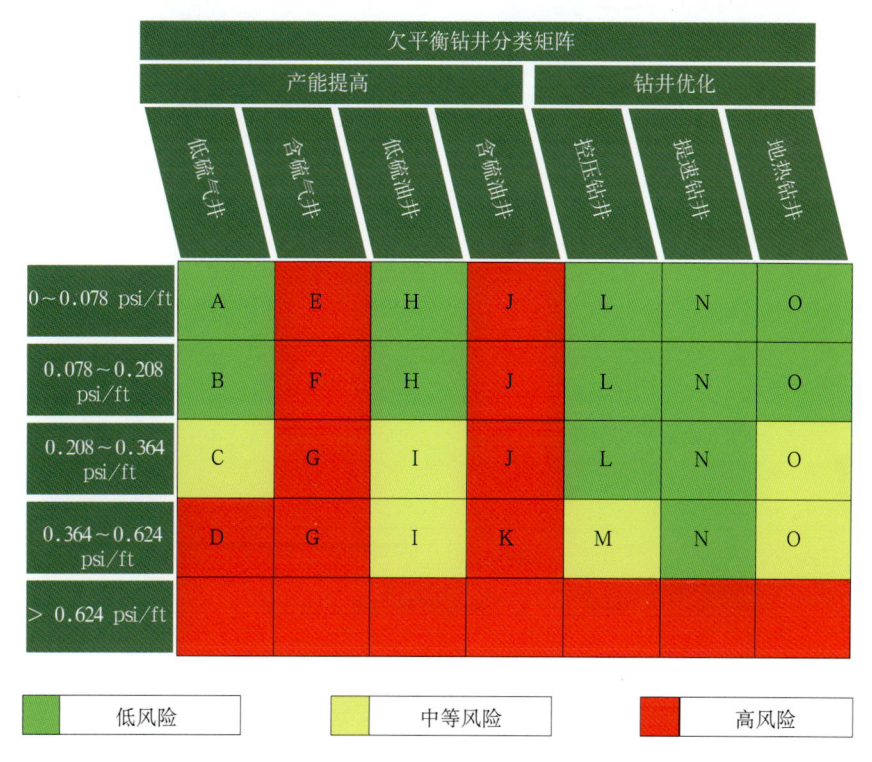

	低硫气井	含硫气井	低硫油井	含硫油井	控压钻井	提速钻井	地热钻井
0~0.078 psi/ft	A	E	H	J	L	N	O
0.078~0.208 psi/ft	B	F	H	J	L	N	O
0.208~0.364 psi/ft	C	G	I	J	L	N	O
0.364~0.624 psi/ft	D	G	I	K	M	N	O
> 0.624 psi/ft							

（绿色：低风险；黄色：中等风险；红色：高风险）

图 2.6　欠平衡钻井风险示意图

2.2.4 高级成本估算

当作业者已经确定他的油气藏要采用欠平衡钻井技术之后，他需要解决的第一个问题就是需要安排多少预算。

这里提到的欠平衡钻井项目的高级成本估算，通常是根据项目所需设备和人力进行的。

一旦详细的工程计划确定之后，项目经理通常还要进行进一步的成本估算。

由于钻井作业中可能遇到的复杂问题，欠平衡钻井的成本有可能高达常规钻井的两倍。

2.3 欠平衡钻井的可行性

欠平衡钻井的可行性是欠平衡钻井初期研究的成果。可行性研究报告中应包括前面提到的各个方面，例如油气藏选择、风险分类等。该报告也提供基于风险分类得到的、需要采用的欠平衡作业方法（图 2.7）。

可行性研究报告使作业者高层管理人员可以在开工之前审核并批准整个欠平衡钻井项目。

可行性研究报告也使承包商能够核对自己的设备和人员，以及项目进度表。

当然，如果研究表明欠平衡钻井确实不可行，也应当解释原因，并指明可替代的方法。

这是在欠平衡钻井项目进展中作业者应停止或继续的抉择点。

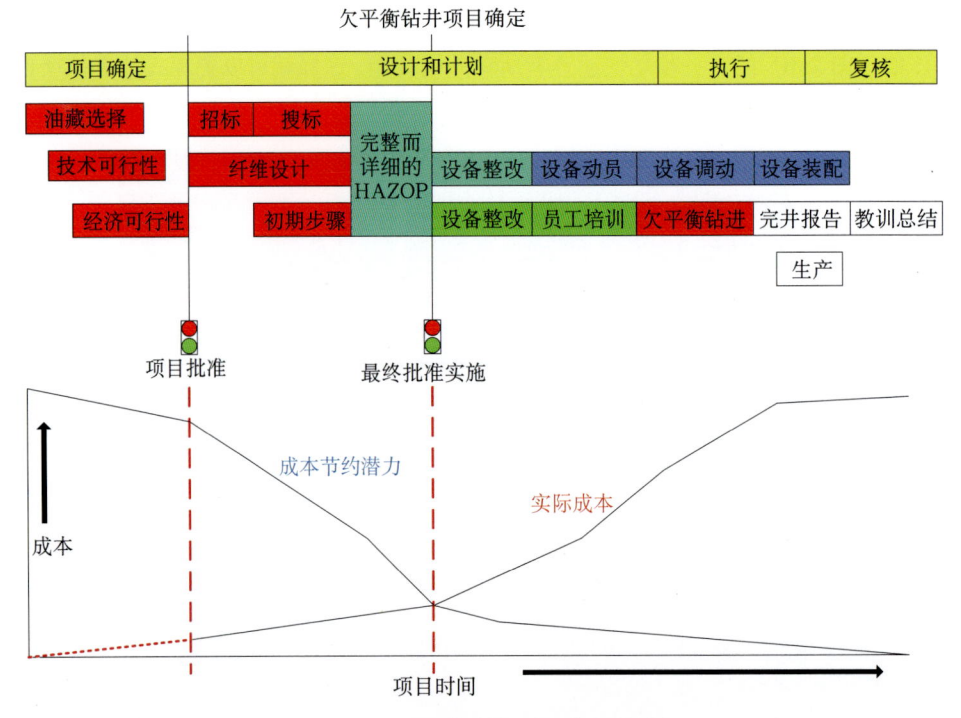

图 2.7　欠平衡钻井项目确定流程图

　　欠平衡钻井项目进展中的第一个停止或继续的抉择点是在完成油气藏选择、并将可行性研究报告提交给作业者之后。

　　在欠平衡钻井项目进展中还有第二个停止或继续的抉择点，这是在详细的计划、程序、步骤制定完成之后。

　　在开始进行钻机和其他设备的维护和准备之前，可以将项目延迟或取消。

3 详细钻井设计

如果可行性研究报告认为欠平衡钻井可以获益且作业者管理层批准项目继续实施，则此时可以开始编写详细钻井设计（图3.1）。

图 3.1　欠平衡钻井设计流程

这些步骤能够确保整个欠平衡钻井设计涵盖了所有问题，并编制出完整的欠平衡钻井详细方案。

3.1 循环系统设计

进行欠平衡钻井设计应从循环系统设计开始，第一步是钻井液设计。

钻井液是指通过钻杆注入井下的液体。钻井液不得与环空液混淆，在欠平衡条件下，环空液包括钻井液与在欠平衡状态下流出的储层流体和地层流体。

3.1.1 钻井液选择

欠平衡钻井时的钻井液选择极其复杂。在最终选定钻井液之前，必须考虑所有关键问题，如油气藏特征、地球物理特征、地层流体特征、井身几何结构、相容性、井眼清洁、温度稳定性、腐蚀性、井底钻具组合、数据传输、地面流体处理和分离、地层岩性、健康与安全、环境影响、配浆基液（水或油）供应情况以及欠平衡钻井的主要目的。

钻井液体系选择的目的是选出适合欠平衡钻井作业的最佳钻井液，满足健康、安全和环境要求以及所需的技术要求。

钻井液性能的一个最重要指标就是密度，要求钻井液的密度值可以确保在钻井液循环过程中实现欠平衡条件。在过平衡钻井中，选择的钻井液密度应高于油气藏压力大约200 psi 的最小静液压力再加上起下钻时的压力激动。

在欠平衡钻井中，钻井液的静液压力应适当低于油气藏压力。该密度值为我们提供了钻井液选择的起点。在生产压差给定的情况下，根据循环系统压力损失以及预期油气藏流入情况，可能需要更精确地确定该值。

为了计算这个初始密度，可简单地将油气藏压力和生产压差转换成一个当量钻井液密度。根据下列公式计算钻井液密度：

$$\text{钻井液梯度（ppg）}^❷ = \frac{\text{油气藏压力} - \text{地面压力}^❶ - \text{生产压差}^❶}{0.052 \times \text{油气藏垂深（ft）}}$$

式中　地面压力——150psi；

生产压差——250psi。

一旦计算出了当量泥浆密度，选择用于欠平衡钻井的钻井液体系就相当简单了（表3.1）。

表3.1　当量泥浆密度与对应的钻井液体系

当量泥浆密度	钻井液体系
0～2 ppg	氮气或天然气
2～4 ppg	稳定泡沫体系
4～7 ppg	充气钻井液或泡沫体系
7～8.5 ppg	原油或柴油
8.5～10 ppg	水基钻井液体系
10～12 ppg	盐水体系
≥12 ppg	不建议采用欠平衡钻井

可用于欠平衡钻井的钻井液涵盖了从天然气到加重钻井液的整个密度范围（图3.2）。

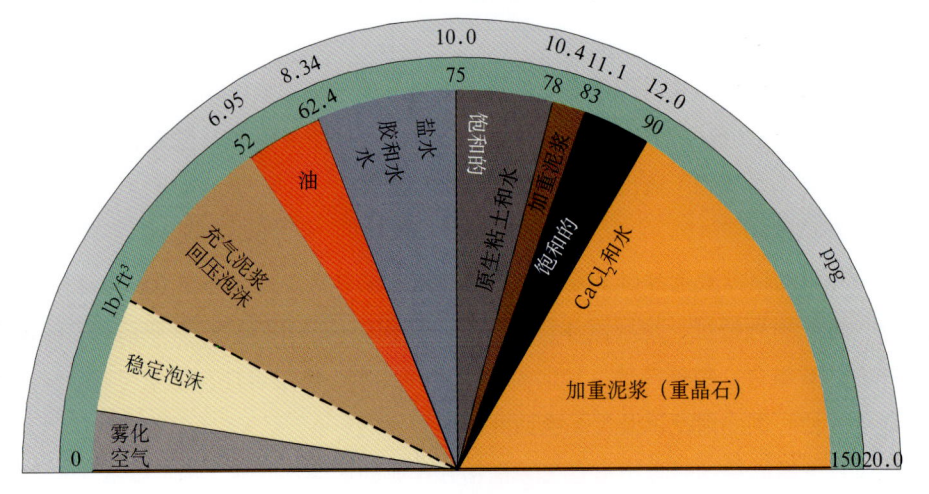

图3.2　钻井液分类和选择

当所需钻井液的密度增大时，相关的油层压力一般也会增大，因此在选择钻井液时，必须考虑国际钻井承包商协会制定的油井分类。

必须指出的是，当欠平衡钻井的风险级别是国际钻井承包商协会分级体系的第5级时，可能需要较高的钻井液密度，也需要严谨的计划以确保与高压有关的风险能够得到控制。

大体上有5种钻井液体系可用于欠平衡钻井，其密度范围从气体到加重钻井液。

---

❶ 对不同的油气藏来说这些数值可能差别很大，因此必须在油气藏评价期间个别确定。
❷ 1g/cm³=8.33ppg。

- 气体体系；
- 雾化体系；
- 泡沫；
- 充气钻井液；
- 钻井液。

与过平衡钻井一样，在欠平衡钻井作业中钻井液有三个基本功能。

（1）井眼清洁——将固体、液体和气体带到地面。

（2）润滑作用——润滑钻柱和钻头。

（3）冷却作用——特别是冷却钻头。

欠平衡钻井液的使用目的和功能可以进一步细分为以下几类。

（1）不损害油层。

（2）价格不昂贵。

（3）良好的井眼清洁效果。

（4）润滑作用。

（5）流变性控制——粘度和摩阻。

（6）容易分离和测量——地面。

图 3.3 中的钻井液选择框架说明在欠平衡钻井作业中，为获得与钻井液体系相关的井底压力可以采用的组合方式。

通过注气或注液方式可改变钻井液密度，但是在钻井液选择中随时需要考虑安全问题。

在欠平衡钻井过程中井控尤其重要，其中一个重要方面是把地面压力控制得越低越好，这也是选择欠平衡钻井技术的一个准则。

对于大多数分离系统而言，最大地面压力都是由服务提供商给出的。旋转控制头有一个最大工作压力，井口压力不能超过该压力。利用下面表 3.2 就可以根据给定油气藏压力时的井底压力和地面压力快速估计出给定钻井液体系。

表 3.2 不同钻井液体系的工作压力

钻井液体系	密度（ppg）	井底压力（psi）	地面压力（psi）
气体	0.1	45	4071
雾化	0.3	135	3980
泡沫（干）	3.5	1584	2532
泡沫（湿）	6.0	2715	1400
充气柴油	5.8	2625	1491
充气水	7.5	3394	721
柴油	7.2	3259	857
水	8.4	3802	314
钻井液	9.0	4073	42

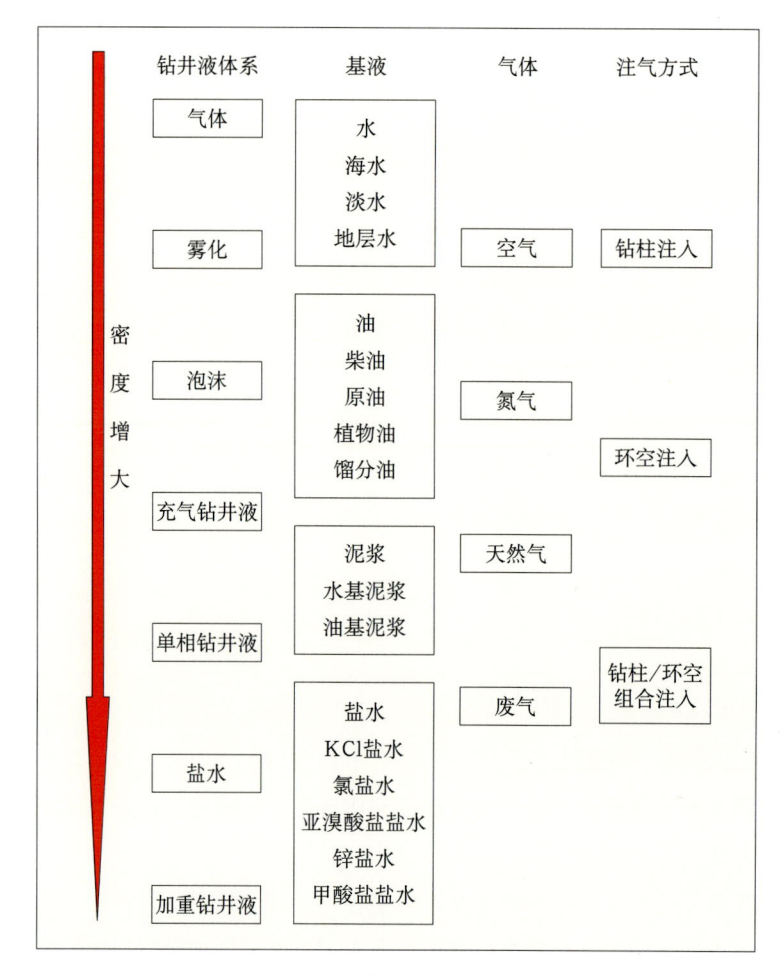

图 3.3　钻井液选择框架

通常的作法是将地面压力限制在安全操作压力以下，该安全压力值是在 HAZOP 或 HAZID 研究期间确定的。在选择不同的钻井液时，图 3.4 可以快速显示出地面压力。

3.1.2　储层伤害

选择钻井液时，还必须考虑与储层和地层的任何潜在的相互作用，以及将储层流体从钻井液中分离出来的可能性。

选择钻井液时需要考虑的其他关键问题不仅与地层压力有关，而且必须考虑所钻地层的类型及潜在的储层伤害机理。

给定钻井液对储层伤害的评估成为欠平衡钻井项目中工程设计和钻井液选择的一个重要因素。油气藏工程师、地质师和采油工程师都需要掌握储层伤害机理。为了对某个特定油气藏的伤害机理进行评价，需要对其仔细研究并且利用选定钻井液进行岩心流动实验。

钻井液选择的一个最重要因素是储层伤害，如果欠平衡钻井的目的是为了提高油气藏产能和降低储层伤害时，这一点显得更为重要。

尽管在选择油气藏时，已经周密地考虑了储层伤害问题，但是在选择钻井液时，还需重新评价储层伤害。如上所述，必须利用最终选定的钻井液进行岩心流动实验，以确保将储层伤害降到最低。

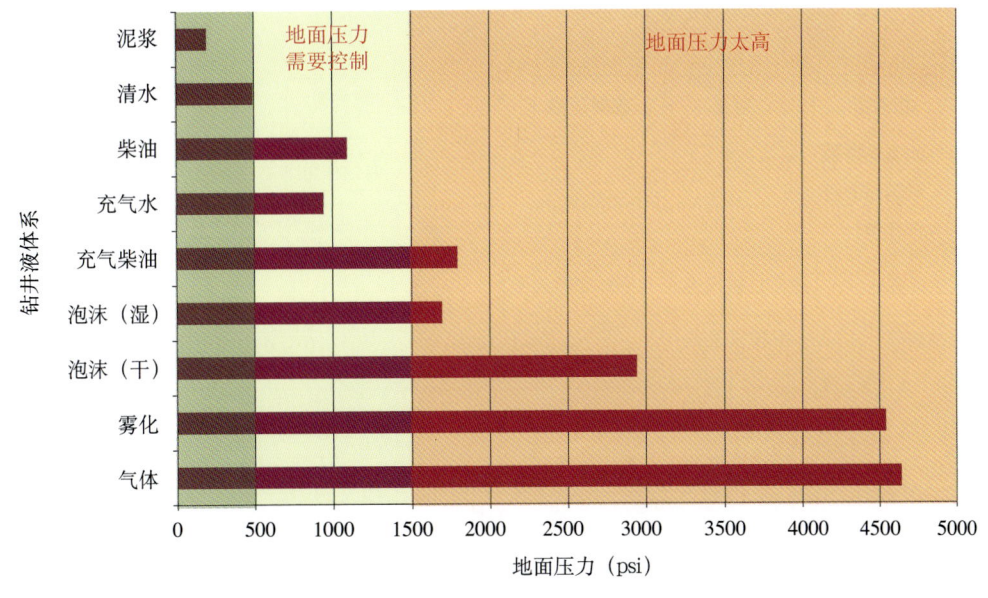

图 3.4　使用不同钻井液时的地面压力

下面是已经确定的四种主要伤害机理。

（1）机械伤害：机械伤害主要是由泥浆中的固相颗粒、加重剂、降滤失剂、堵漏剂(LCM)，或者是天然存在的钻屑和泥浆入侵造成的。

（2）生物伤害：生物伤害是由于钻井和完井过程中使用生物剂造成的。其中一个主要问题是引入的细菌随着时间的流逝会形成硫酸盐，进而导致油气藏含硫。

（3）热伤害：热伤害主要与空气和气体钻井有关，由于摩擦和冷却不充分，或井底着火使地层受热，进而导致地层釉化。

（4）化学伤害：化学伤害主要是由于钻井液入侵导致地层中的粘土膨胀造成的，也可能是由于钻井过程中温度或压力降低导致石蜡、固体颗粒或沥青质沉积造成的。

在欠平衡钻井中选择钻井液时应考虑上述四种伤害机理。上述四种还进一步分为若干伤害机理，详见图 3.5。

3.1.3 气体钻井液

气体钻井液属于气体体系。尽管气体钻井液一般应用于提速钻井，但是有些油气藏对钻井液密度的要求使我们不得不选用气体体系来满足欠平衡条件。

在含烃类化合物的地层中，我们不建议使用空气钻井，因为氧气和天然气可以形成爆炸混合物。已有多起井下着火烧毁钻柱的报道。当然，如果气体与空气混合物到达地面则可能会发生爆炸，钻机很可能被烧毁。

为避免使用空气，通常用氮气来代替。氮气油气井作业方面的经验使其成为欠平衡钻井的首选。

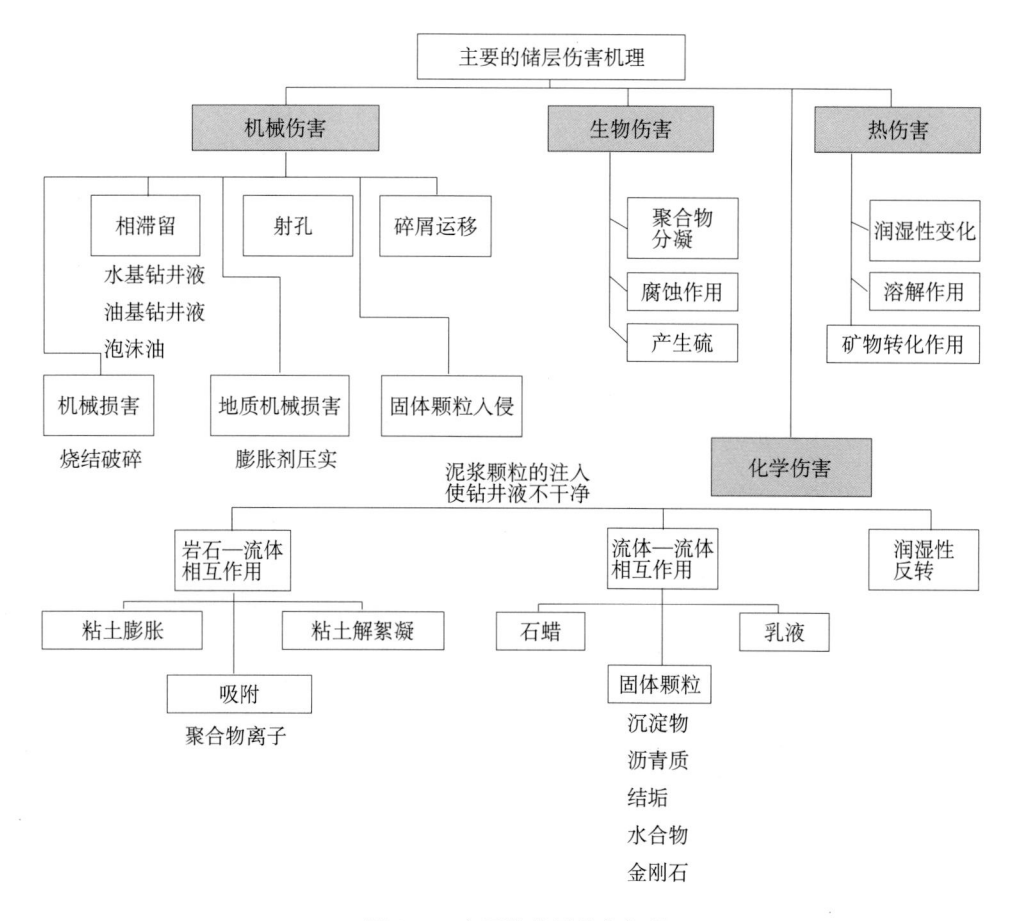

图 3.5 主要的储层伤害机理

使用的氮气有多种选择，例如液氮和膜氮，这些将在本书的气体体系部分进一步进行讨论。

天然气欠平衡钻井已经被证明是一种有效的钻井替代方法。如果采用欠平衡钻井技术钻探某个气藏，则产气井可提供足够的、压力适合的天然气，这样可以避免使用氮气，降低成本。

下面是气体钻井技术的特点：

- 钻速高；
- 钻头使用寿命更长；
- 钻头进尺更大；
- 固井质量好；
- 产能更高；
- 需要的注水量最少；
- 可能出现段塞；
- 在流体侵入时可能出现泥环；
- 依靠环空返速从井中清除钻屑。

图 3.6 是空气钻井与泡沫钻井的典型井场布置。安装在返回管线上的除气器确保所有产出液

能够返回到泥浆池里。通过氮气/空气与液体和表面活化剂混合，上述装置还可用于泡沫钻井。空气钻井和泡沫钻井的基本装置无明显区别。

注气系统与立管相连接，通过常规的管汇将气体直接注入立管中。

返回管线有一个T形接头，可以将所有流体段塞传送到振动筛。用除气器分离出所有产出液，再将这些产出液传送到振动筛。点火管线或放喷管通常连接到燃烧池。

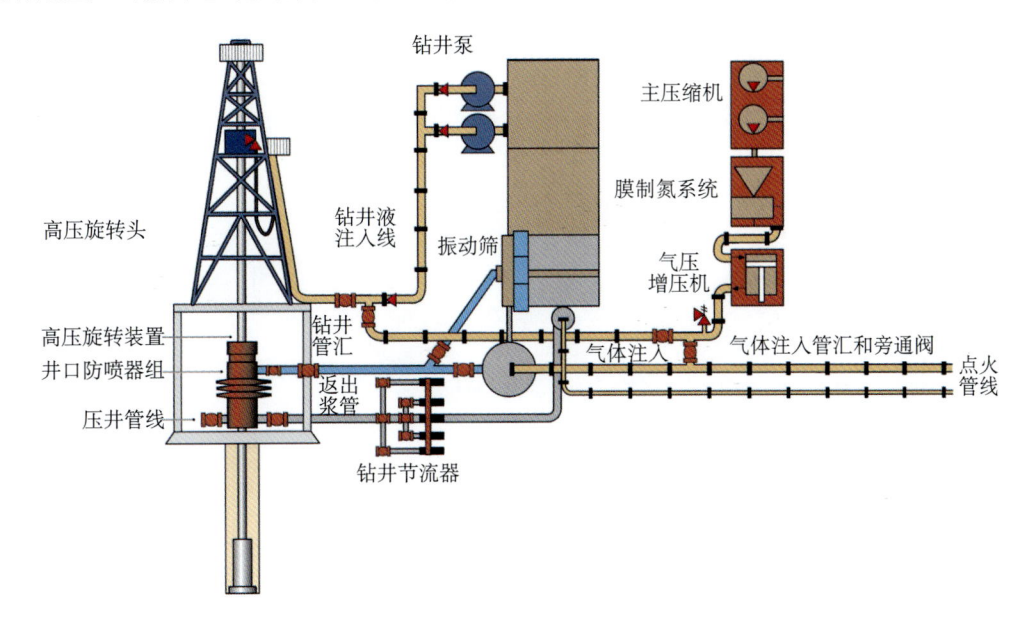

图 3.6　空气钻井与泡沫钻井的典型井场布置

3.1.4 雾化体系

在空气/天然气钻井中，当地层开始产出少量的水时（10～100bbl/h），一般改用雾化钻井技术。

增加天然气或空气排量，使用雾泵注入少量的水和发泡剂溶液。该溶液能够捕集侵入水，使得气相能够将钻屑和侵入液带到地面（图 3.7）。

雾化钻井只在特殊情况下使用，因为与空气钻井相比，雾化钻井的井眼清洁更加困难。

在雾化钻井过程中，注入气体环境中的液体将分散成微滴并形成雾。一般来说，由于存在地层水而无法完全使用"干气"钻井技术的地区可采用这种技术。

下面是雾化钻井技术的特点：

- 与空气钻井类似，但是加入了液体；
- 依靠环空返速从井中清除岩屑；
- 减少泥环的形成；
- 需要大排量（比干气钻井高 30%～40%）；
- 雾化钻井压力一般高于干气钻井压力；
- 不适当的气液比会导致段塞生成，压力增加。

图 3.7　雾化钻井地面排砂口

3.1.5 泡沫体系

泡沫钻井技术具有一定的吸引力,这是因为泡沫有一些吸引人的特性,这些特性都与其很低的静液密度相关。泡沫具有良好的流变性和优良的钻屑携带能力。

泡沫具有一定的固有粘度和滤失控制特性,滤失量低,因此是一种非常有吸引力的钻井介质。在接单根和起下钻过程中,泡沫可以保持稳定并且提供更加稳定的井底压力。

泡沫包括一个连续液相,形成多孔状结构,可包围和圈闭气体(图 3.8)。泡沫可以具有很高的粘度,在任何情况下,泡沫的粘度都比其中所含的液体和气体的粘度高。

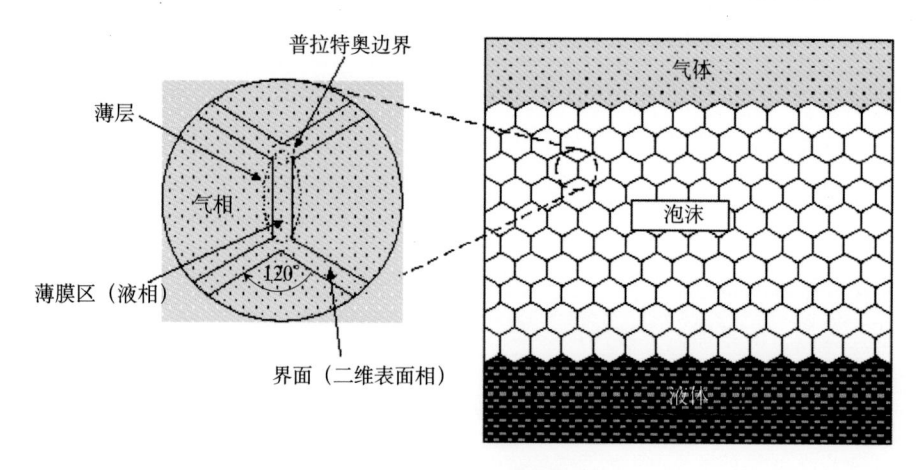

图 3.8　泡沫结构

泡沫钻井过程中,注入井内的液体和气体的量受到严格控制。这样可以确保当液体进入气流时,可以在地面形成泡沫。在沿钻柱向下、沿环空上返以及离开井口的所有循环路径上,钻井液都可以保持泡沫状态。

由于注入停止时，流体和气体分离缓慢，稳定的泡沫还可以使井下保持连续的压力条件。

在液体中添加表面活性剂并混入气体可以生产泡沫。钻井用泡沫与剃须时用的泡沫在结构上没什么不同，这是一种非常好的钻井液，具有高携带能力和低密度的特性。

常规泡沫钻井所使用的泡沫非常稳定，这一点和我们前面所介绍的完全一样。

泡沫在通常情况下保持稳定，甚至当它返回地面时仍然可以保持稳定；如果不能及时消泡，会在井场造成一些麻烦。在早期的泡沫体系中，必须仔细测试消泡剂的用量，以便在流体进入分离器之前消除泡沫。在封闭式循环钻井系统中，稳定的泡沫会带来特殊问题，即液相随着气相从分离器上部出口喷出。最新开发出来的稳定的泡沫体系更容易除泡，并且液体可以重新起泡，这样需要的起泡剂更少，并且可以采用封闭式循环钻井系统。一般而言，这些体系依赖化学方法或通过增减 pH 值来起泡和消泡。用于钻井的地面泡沫质量分数一般在 80%～95% 之间。

该泡沫质量分数是指体系中 80%～95% 为气体，其余 5%～20% 为液体。在井下，由于环空液柱压力，该比率随着气体体积的压缩而变化。平均井底泡沫质量分数（FQ）通常为 50%～60%。

由于泡沫具有可压缩的气泡结构，它的携砂能力可高达普通钻井液的 10 倍。由于泡沫的高携砂能力，低达 1ft/min 的环空返速就可以实现有效的井眼清洁（图 3.9）。

图 3.9 泡沫钻井的泡沫回收池（注意钻屑浮在泡沫表面上）

经验证明泡沫能够对付 100bbl/h 以上的水侵量。

泡沫的密度范围是 0.2～0.8g/cm³（1.6～6.95ppg）。通过调节井口回压控制液体和气体的注入量来调节 LVF（液体体积分数），进而调节密度范围。井口回压可改变井底压力，降低环空流速。

下面是泡沫钻井技术的特点：
- 泡沫中的液体减少了地层水影响；
- 非常高的携砂能力；
- 由于携砂能力高，减低了泵排量；
- 稳定的泡沫减少了井筒中形成段塞的可能性；
- 稳定的泡沫允许短时间停泵，不会对除屑或 ECD 产生大的影响；
- 改善了地面控制，井下环境更加稳定；
- 需要在设计阶段提出地面泡沫消除方案；
- 需要更多的地面设备。

表3.3列出了雾化钻井、泡沫钻井及充气钻井的钻井液气体体积分数，表3.4列出了泡沫钻井的主要技术参数。

表3.3　雾化钻井、泡沫钻井及充气钻井的钻井液气体体积分数

名　称	气体的体积分数
雾化钻井时的钻井液	96% ~ 99.99%
泡沫钻井时的钻井液	55% ~ 96%
充气钻井液	0 ~ 55%

表3.4　泡沫钻井主要技术参数

泡沫钻井主要技术参数	
液体注入量	16 ~ 80 gpm ❶
表面活性剂注入量	0.3% ~ 1.0%（质量分数）；0.05 ~ 0.5gpm
气体注入量	300 ~ 1000 ft^3/min

3.1.6　充气体系

泡沫体系的下一个体系是充气钻井液体系，它可以用来控制稍高的压力。在充气钻井液体系中，通过向液体中充气来降低密度。

有多种方式可用于向液体中充气，这些方式将在注入系统部分详述。气体和液体一起作为循环介质使用导致井中的水力学复杂化，必须严格计算气液比，确保循环体系稳定。如果气体太多，则会出现段塞；如果气量不足，则所需的井底压力就会被突破，变成过平衡井。

下面是充气钻井液体系的特点：
- 体系中过量的液体几乎可以消除地层水的影响，除非两者不相容；
- 作业开始前可以容易地预测钻井液性能；
- 一般情况下，所需的气量较少；
- 必须正确处理段塞问题；

---

❶ 1gpm=227.12L/h。

- 需要更多的地面设备来储存和清洁钻井液；
- 流速较慢（尤其在地面），可减少井下设备和地面设备的磨损和冲蚀。

3.1.7 单相液体

用单相液体欠平衡钻井有时被称为"边喷边钻"。对欠平衡钻井而言这是最简单也是最应优先考虑使用的钻井液体系，在本体系中可以按照所需的流速循环实现欠平衡状态下的钻井作业。单相液体钻井液体系又分为下面三种体系。

（1）水基体系：对钻井液而言应该首先考虑使用水，在海上更是如此，因为水的成本低且容易获得。水容易分离或稠化，并且该循环体系几乎与常规钻井作业相同。在欠平衡钻井中，在任何时候增加粘度都要慎重考虑。要记住液体必须在分离系统中有效脱气，体系中的任何粘度变化都可能给脱气过程带来问题。

（2）油体系：如果储层条件不适合采用水基体系，则可以用原油、基油或柴油作欠平衡钻井液。同时，要知道并且认可在钻开油气藏时，这些钻井液最终将混入原油体系，因为基油或柴油无法从原油中分离出来。

只要原油体系存在就可以选择这种体系，应确保原油进入封闭循环系统之前充分脱气。在选择钻井液体系时，必须用 HAZOP 程序分析使用原油体系的风险。

（3）其他体系：可以使用添加剂（如玻璃微珠）来降低液体的密度（图3.10）。但是，玻璃微珠会从固体颗粒分离系统中的振动筛分离出来，或在整个系统中被压碎和破坏，因此需要不断补充新微珠。添加玻璃微珠的成本较高，在降低液体密度方面的效果也不明显。

图 3.10 玻璃微珠

空心玻璃微珠的主要作用是减少斜井中的摩阻和扭矩。实心玻璃微珠起着微型滚珠轴承的作用，可减少摩擦和压差。玻璃微珠是透明、实心的钠钙玻璃，表面平滑，无过多气泡。

玻璃微珠在化学上是惰性的，不会影响钻井液体系的化学特征。但是，不建议使用玻璃微珠来防止压差卡钻。

玻璃微珠的尺寸分为粗（12～20目，830～1400μm）、中（20～40目，380～830μm）、细（170～325目，45～90μm）三种。

3.1.8 气举系统

如果需要降低液体密度，可以向液体流中注入气体。本书不仅提出了所用气体，而且介绍了向循环系统中注入气体的方式。

通常采用天然气或氮气作为举升气体，但二氧化碳和氧气也可使用。然而，由于下面两个主要原因，不建议使用含氧气的气体。

- 盐水与氧气结合，在井下高温条件下会严重腐蚀井中的管材和钻柱。
- 在钻井过程中，如果油气进入井筒（在欠平衡环境中是完全可能的），很可能满足爆炸条件，导致井下着火或地面设备爆炸。

3.1.9 钻杆注入系统

钻杆注入是最早出现的而且是最简单的循环系统气体注入方式（图3.11）。将压缩气体注入立管管汇，在此与钻井液混合。钻杆注入的主要优点是无需特殊的井下设备。需要采用可靠的单流阀以防止钻井液沿钻杆向上回流。采用钻杆注入系统的气体排量一般低于环空气举方式的排量，并且采用该系统可以获得较低的井底压力。

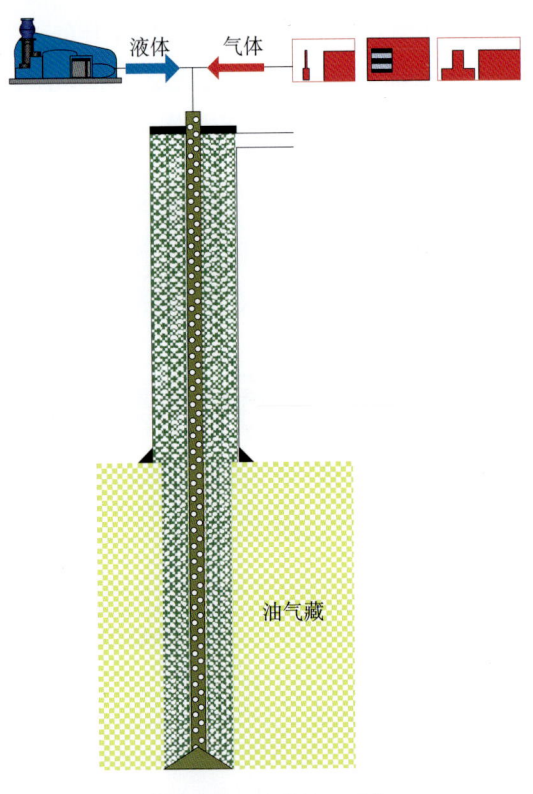

图 3.11　钻柱注入系统

该系统的一个缺点是在每次接单根时都需要停泵并释放掉钻杆内所有的剩余压力,这样会导致井底压力升高。因此使用钻杆注入时可能很难避免压力波动,保持系统稳定。

使用脉冲式随钻测量工具时,允许的气体体积含量最高为20%。如果气体含量更高,用于随钻测量数据传输的脉冲系统将停止工作。如果需要较高的气体注入量,必须要使用专用的随钻测量工具(如电磁工具)。但是,在海上或者钻遇大量蒸发岩时,这些专用的随钻测量工具也不能正常工作。

一种替代方法是通过电缆将随钻测量工具回接至地面。这种技术在使用连续油管作钻柱时曾得到成功应用。如果使用钻杆,可采用湿式连接法,但这需要花费更多时间,这可能是一个限制因素。

钻杆注入方式的另一个缺点是气体会侵入井下橡胶密封件中。当橡胶件中有气体侵入,然后起钻到地面时,容积式马达特别容易失效。一旦起钻完成,由于膨胀性气体无法从定子中迅速释放出来,橡胶部件可能爆炸或膨胀。这种作用(爆炸式减压)不但毁坏马达,还影响所有井下橡胶密封件,导致马达的频繁更换。这对于钻井作业而言成本可能十分高昂。为解决这种膨胀问题,已经研发出专门的橡胶化合物,并不断变更马达设计。

大部分马达供应商现在都可以提供用于这种井下环境的特殊设计的容积式马达。但是,如果采用钻杆注入方式,根据操作要求考虑采用全金属涡轮。在地面进行钻具卸扣时必须非常小心,以防钻柱中存在任何高压气体。

3.1.10 环空注入系统

通过同心套管柱进行的环空注入方式常用于各种海上作业项目(图3.12)。如果井内安装了合适的套管柱或完井油管,应用这种方法就是值得的。对于一口新钻井,应在目的层上面安装一根尾管。尾管通过一个改进的油管悬挂器回接至地面,悬挂器的作用是承受回接管柱的重量。

气体注入套管与尾管形成的环空可以实现钻井作业中所需的生产压差。在最终完井之前起出回接管柱。对于较老的井,替代方法是在完井中使用气举偏心工作筒。在钻井作业过程中,安装这些设备可以提供合适的井底压力。

这种作业的缺点是井眼尺寸和所需工具受到最小完井内径的限制。但是,通过环空将气体注入系统的主要优点是:在接单根过程中可以继续注入气体,因此可以提供更加稳定的井底压力。

通过环空注气只是将单相液体泵入钻柱中。好处是常规的随钻测量工具可以在最佳环境下工作,这对项目的操作成本能够带来积极的影响。

然而,该系统的缺点是必须有合适的套管/完井结构,并且为了达到所需的欠平衡条件,注入点必须足够低。

为安装回接管柱和注气系统,还可能需要对井口进行一些修改。还必须要考虑需要钻出较大的井眼以容纳该系统,以及与环空注入相关的井控问题。

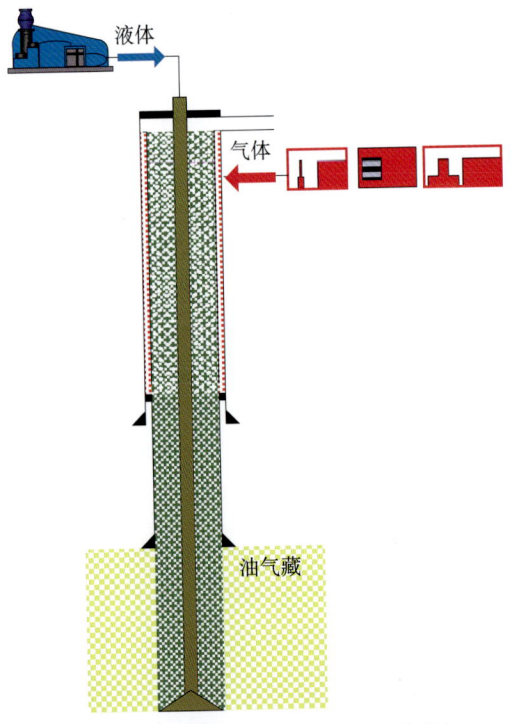

图 3.12　环空注入系统（同心管柱）

3.1.11　寄生管柱注入系统

在套管外使用一根寄生管柱注气的方法实际上只能用于直井（图 3.13）。

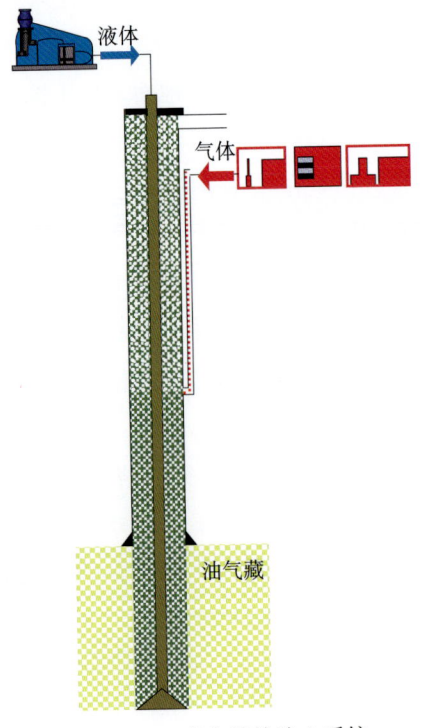

图 3.13　寄生管柱注入系统

为留有备用，下入套管时通常将两根 1in 或 2in 的连续油管缚在套管柱上（位置在油气藏上部）。气体泵入寄生管中，然后注入钻井环空。生产套管柱和两根寄生管柱的安装使得该系统的操作很复杂。

通常需要对井口进行改造，以便在地面连接寄生管柱。

不建议将该系统用于斜井，这是因为当套管靠在下井壁上时，寄生管柱很容易断裂。

该系统的工作原理和优点与环空注入系统相同。

3.1.12 欠平衡钻井使用的气体

下面几种气体可用于欠平衡钻井：

- 空气；
- 天然气；
- 液态氮；
- 现场制氮；
- 废气。

3.1.12.1 空气

尽管在油气环境下，空气不是最佳的选择，但是只要确保泡沫的稳定性以及除泡过程不会生成爆炸性混合物，仍然可以使用空气和泡沫。还必须指出，除了硬质岩石地层和干气地层钻井之外，采用空气和液体混合物钻井除了会发生井下着火和爆炸事故之外，还会遭遇严重的腐蚀和氧化问题。

3.1.12.2 天然气

如果可以获得足够的高压天然气，天然气钻井是一种很好的选择。另一个选择是在天然气钻井中使用空气锤，它可提高机械钻速，适用于致密气藏。一般使用流量调节器和压力调节器控制钻井过程中的注气量。

如果正确脱硫，天然气也是无毒、无腐蚀性的。与氮气相比，天然气在原油中具有更好的溶解性，这会导致更多的分离问题以及沥青质沉积问题。

该系统的产出气体有时可以输送到压缩系统中进行再利用，因此不需要点燃气体。

使用天然气的最有效方式一般是通过环空注入。虽然这种操作也可以安全进行，但是不建议通过钻柱注入天然气，因为每次接单根时都必须释放气体。

也不建议通过连续油管来注入天然气，因为连续油管上的小孔问题无法避免，气体可能会释放出来，在连续油管滚筒的缠绕层内可能形成爆炸性混合物。

3.1.12.3 低温氮气

在欠平衡钻井作业中，到目前为止氮气是用于降低循环液柱密度的最常用的气体。氮气是一种无色、无臭、无味的气体，约占地球大气的五分之四。

1772年，瑞典药剂师卡尔·威廉·谢勒和苏格兰植物学家丹尼尔·卢瑟福共同发现了氮气。氮气无毒、不燃烧和无腐蚀性。氮气在水和油气中的溶解度很低，实际上，它可与钻井作业中所用的任何液体相容。氮气也不会形成水合物或乳液。表3.5中是氮气的性质。

氮气是大气的主要组成部分，大气的成分包括：氮气占78.03%，氧气占20.93%，氩气占0.93%，其他气体占0.11%。

用于井场作业的氮气通常以液态形式运送到井场，这种氮气也称为低温氮气。低温氮气是利用分馏技术从空气中提取出来的，在该过程中，先将空气液化，然后根据不同成分的沸点分离液体。液态氧气沸点为 −297°F [1]，液态空气沸点为 −317°F，液态氮气沸点为 −320°F。

在液态空气升温过程中，氮气首先蒸发，冷凝后就形成了富含氮的液体。通过重复煮沸和冷凝，可以获得纯度达到99.98%的液态氮。

只是在近几年才开发出大规模装运低温液体（如液氮）的材料和设备。研究温度低于 −187°F 液体相关技术的科学称为低温学。所有这些低温液体和装运这些液体的设备都标记为低温液体和低温设备。特种钢和特种铝是最广泛应用的低温材料。氮气数据换算详见表3.6。

表 3.5 氮气（N_2）的性质

项 目	数 值
相对分子质量	28.016
公称沸点	−320.45°F
临界压力	492.3 psi
临界温度	−232.87°F
三相点	1.82 psi 的压力下是 −345.9°F
1gal 液氮	标准条件下 93.12ft³ 气体
蒸发潜热	85.67 BTU [2] /lb
77°F 时的比热（cp）	0.4471 BTU/(lb·°F)
70°F 时的比热（cv）	0.3197 BTU/(lb·°F)
比热容比	1.401
60°F 时的导热系数	0.01462 BTU/(ft²·h)
饱和蒸汽密度	0.03635 lb/ft³
14.7psi 压力下的蒸汽相对密度（空气为1）	0.967
沸点时的液氮密度	50.443 lb/ft³

表 3.6 氮气数据换算

氮气换算数据	标准条件下的气体 lb	标准条件下的气体 ft³	液体（gal）	液体（ft³）	液体（L）
1lb	1.000000	13.800000	0.148300	0.019820	0.561300
标准条件下 1ft³ 气体	0.072400	1.000000	0.010750	0.001436	0.040680
1gal 液体	6.743000	93.050000	1.000000	0.133700	3.785000
1ft³ 液体	50.450000	696.100000	7.481000	1.000000	28.320000
1L 液体	2.782000	24.580000	0.264200	0.035310	1.000000

氮气的标准条件：压力为 14.7lb/in²，60°F

---

[1] ℃ = $\frac{5}{9}$ (°F−32)。
[2] 1BTU=1.055kJ。

在欠平衡钻井作业中,通常利用膜分离技术将氮气分子和空气分子分离,这也被称为氮气生成技术或膜技术。

虽然氮气成本比空气高得多,但是正如其他章节讨论的那样,欠平衡钻井作业中不建议使用空气。氮气成本主要是生产氮气的燃料和生产设备的租赁费。

低温氮通常由不锈钢制成并在50lb/in^{2}下试压的真空夹套罐送到井场。海上液氮罐容积一般为2000gal。商用载重汽车可装载7000gal,列车车皮可装载12900gal液态氮。

氮气罐设有减压阀,当气体受热膨胀导致罐内压力增大时,利用减压阀可以释放氮气。当压力释放后,剩余液体将会冷却,存储在罐中的液态氮不断损失气体。在沙漠或热带地区,当氮气必须进行长途运输时,这个问题变得更加严重。

2000gal罐车可运输优质氮,并且使用的设备一般不太昂贵。将液态氮在压力条件下输送到氮气转化器,在这里转化成气体,然后将气体注入钻柱。一般情况下,所需设备就是氮气转化器和工作罐(图3.14),必要时需要提供额外的储罐。对于超过48h的作业,对液态氮的需求量非常大,这可能使供应难度增大。

图3.14 用于欠平衡钻井作业的低温氮和氮气转化器

有时不建议使用液态氮进行海上作业;这取决于现场情况。在24h的钻井周期下,以标准条件下的1500ft^3/min的排量泵入氮气,则需要准备每罐2000gal的液态氮15罐。将这些液态氮运到或运离海上平台是一项艰巨的任务,还可能会带来一些严重的安全隐患。如果按照该速度连续作业数日,则需要两艘专用供应船来供应。

对于大型氮气钻井作业,为了免于储罐运输,建议使用制氮装置。

3.1.12.4 膜分离氮气

1995年，膜气体分离技术获得美国专利，可使用现场生成的氮气代替成本高昂的低温氮气，作为一种替代气源用于欠平衡钻井。该分离系统利用多级步骤将氮气从空气中分离（图3.15）。

通过向中空薄膜纤维中注入压缩空气可分离出氮气，它能够从空气中首先分离出氧气和其他主要气体，剩余气体中95%为高纯度氮气，其余5%一般是氧气。

氧气和氮气的分离效果取决于单根纤维的密集度和质量，并且与进气压力和穿膜流速直接相关，与单个气体组分的分压反相关。

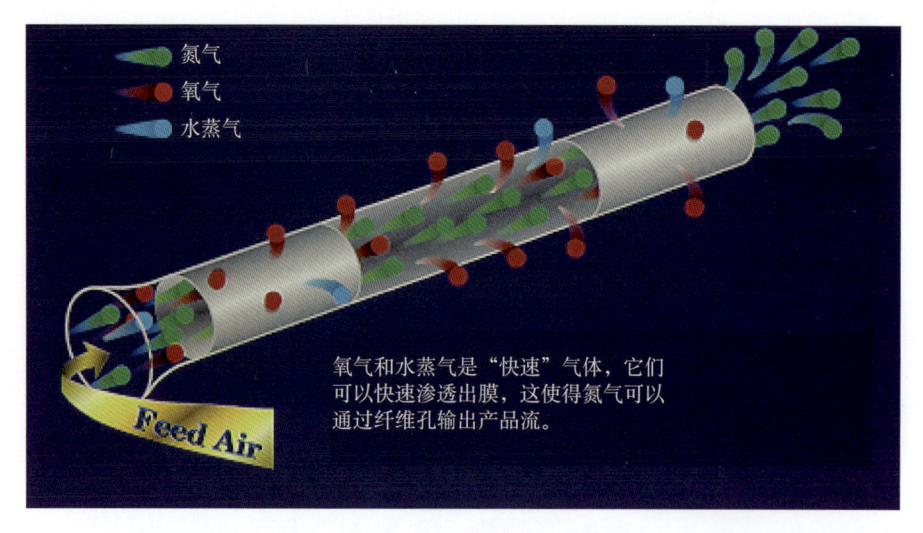

图3.15　利用膜分离技术生产氮气

理论上，只有氮气能够通过中空管膜系统的全长，以产品流形式输出，氧气流和水蒸气已经在到达出口之前排出了（图3.16）。

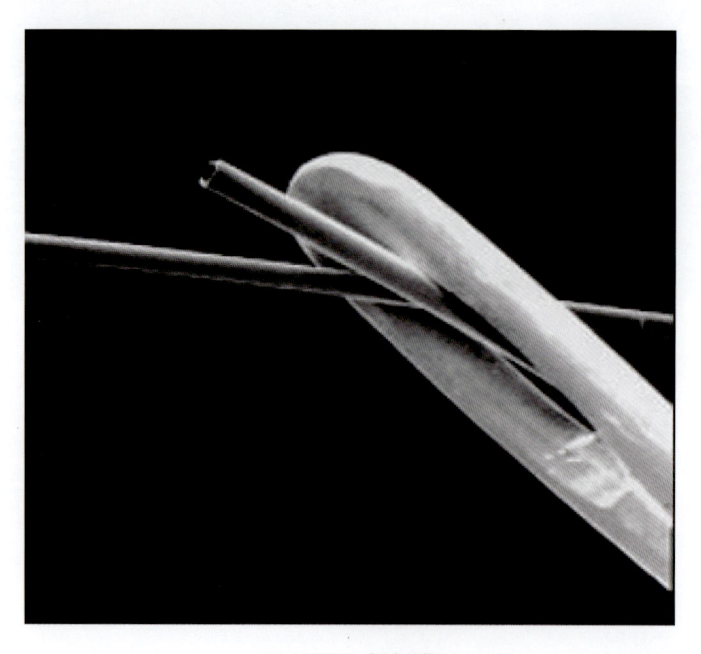

图3.16　氮气膜

与氮气生产相关的重要问题之一是氮气的纯度。根据所需氮气的量和压力，氮气的纯度将会发生变化。如果纯度是95%，则含有5%的氧气。现代系统中配有氧气含量探测仪，可确保氧气超过危险界限（氧气含量超过8%）时能够截断氧气流。

正常欠平衡钻井作业时，氧气含量被限制在5%，尽管这个含量不足以导致爆炸，但是可以引发严重的腐蚀问题。如果在高温条件下使用盐水系统，腐蚀会更加严重。在许多采用膜分离技术生产的氮气进行的欠平衡钻井作业中，必须执行防腐蚀设计，从而降低系统中氧气的影响。

3.1.12.5 废气

一种非常有潜力的气源来自一体式丙烷发动机或井场上的柴油机本身排出的废气。但是在使用柴油机时，燃烧过程的效率相对较低，废气中可能含有10%~15%的氧气和腐蚀性气体（如二氧化碳和二氧化氮），它们可能与产出的油气发生不良反应，加速腐蚀过程。

柴油机排出的废气通常含有大约83%的氮气、10%的二氧化碳、3%的氧气、2%的一氧化碳和2%的其他气体。到目前为止，还没有将柴油机产生的废气用于欠平衡钻井作业的记录。

丙烷燃烧废气系统是新的废气系统开发的重点。经过两年的研发，已经有一台丙烷机组在加拿大西部盆地的一个主产油田通过了现场试验。最初的柴油废气系统燃烧过程的效率较低，因此具有局限性。丙烷发动机经合理调试后，燃烧更加充分，排出气体中的氧气含量更低（一般低于2%）。但是，由于偏远地区丙烷气的获取和运输存在问题，目前该项废气技术仍然处于试验阶段。

3.2 流动模型

多相流计算不同于其他任何一种水力学计算，多相流可能是工业中已知的最复杂的流体工程。多相流或者可压缩流体随着压力或温度剧烈变化，并且绝大多数钻井工程师对大量有意无意应用于各种模型中的假设都不太了解。

在许多情况下，计算机模拟的使用使得钻井工程师只知道进行多相流模型运算，而并不理解在模拟中究竟发生了什么。结果是用于模拟特殊水力学计算的程序被广泛用于模拟两相流，甚至模拟纯气体钻井作业。

3.2.1 压力计算

任何流体在任何管子或流道中的压降是静压力、摩擦压力和加速度压力这三个参数的函数。在常规单相流水力学模型中，静压力、摩擦压力和加速度压力这三个参数是怎样起作用的呢？在接下来的内容里将作简要介绍。

（1）静压力：在常规水力学模型中，静压力与流体的密度直接相关。

（2）摩擦压力：在常规水力学模型中，摩擦压力损失的计算包括下面四个步骤。

第一步 确定流体类型，通常为以下六类之一。

① 牛顿模型；

② 宾汉塑性模型；

③ 幂律模型；

④ 赫谢尔—巴尔克模型；

⑤ 罗伯逊—史蒂夫模型；

⑥ 卡森模型。

第二步 确定雷诺数。

第三步 确定流态是紊流还是层流。

第四步 基于流态确定压力损失。

(3) 加速度压力：由于流体从井底到地面的过程中是不膨胀的（或膨胀非常小），所以在常规水力学计算软件中通常对此忽略不计。

在常规钻井中，BOP是开放的，没有向系统施加地面压力。

正如我们所见，在常规水力学流动模型中，系统压力损失的计算是一个非常简单的直接的过程（图3.17）。

在单相流水力模型中，很容易建立一张电子数据表来确定一口井中的压力损失。

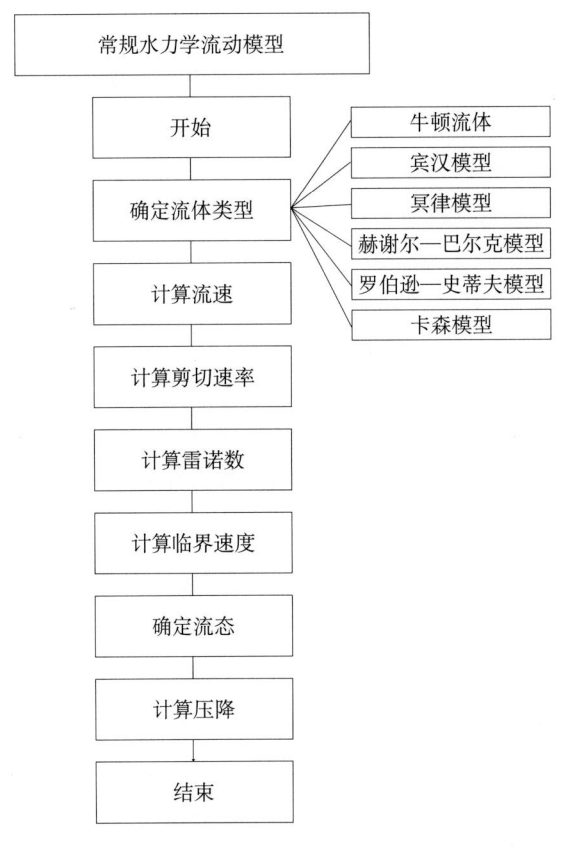

图3.17 常规水力学流动模型

3.2.1.1 多相流水力学模型

在多相流模型中，因为需要考虑更多因素，所以整个系统更为复杂（图3.18）。

3.2.1.2 流态

为预测摩擦系数和持液率，必须了解环空中的流态。在过平衡钻井作业中，我们仅仅需要考虑层流或紊流。在欠平衡钻井作业中，则需要考虑更多的变量。流态随井斜的不同而不同，预测流态有许多方法和关系式。流态一般分为水平流动流态和垂直流动流态两种类型（图3.19）。

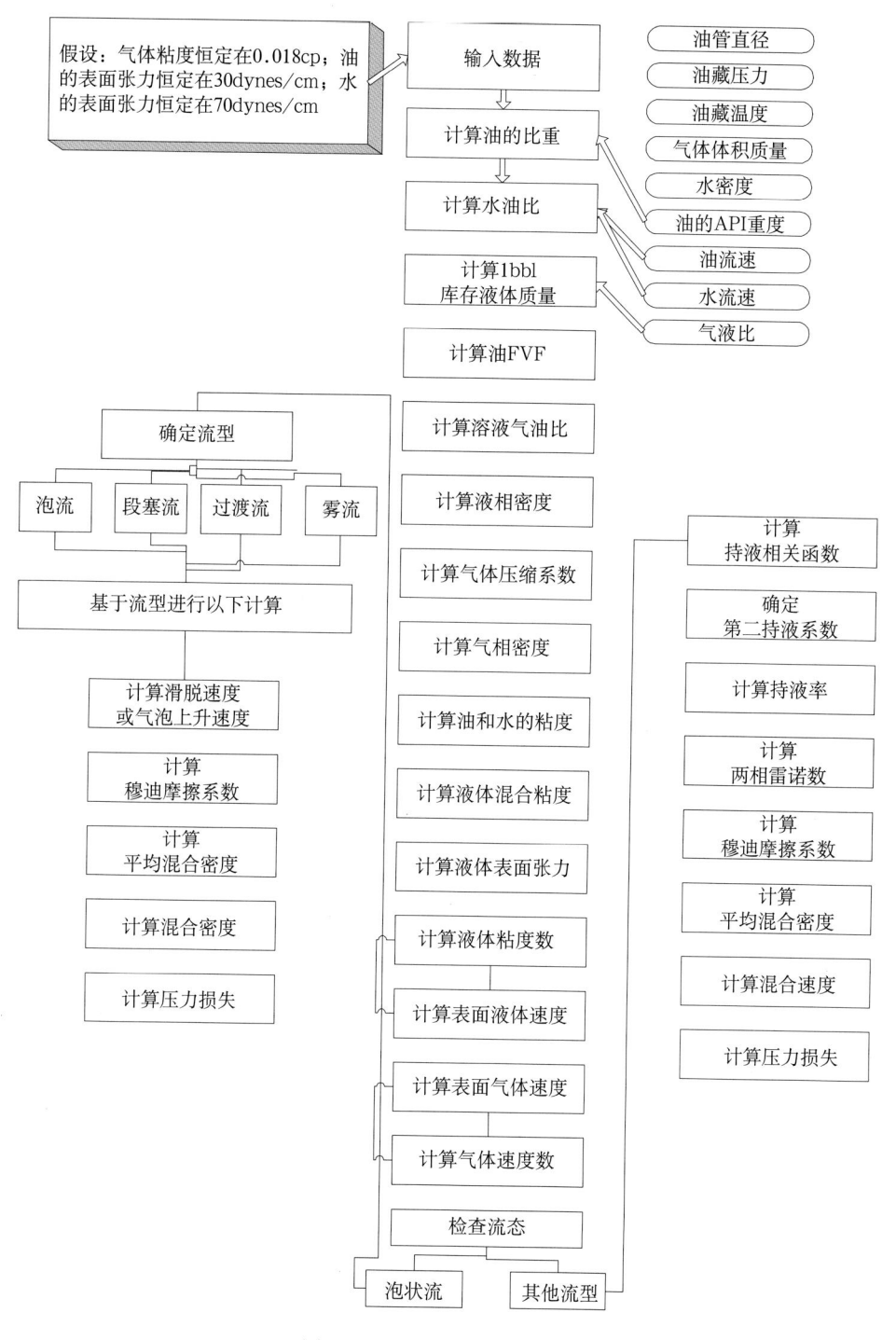

图3.18 多相流水力学模型

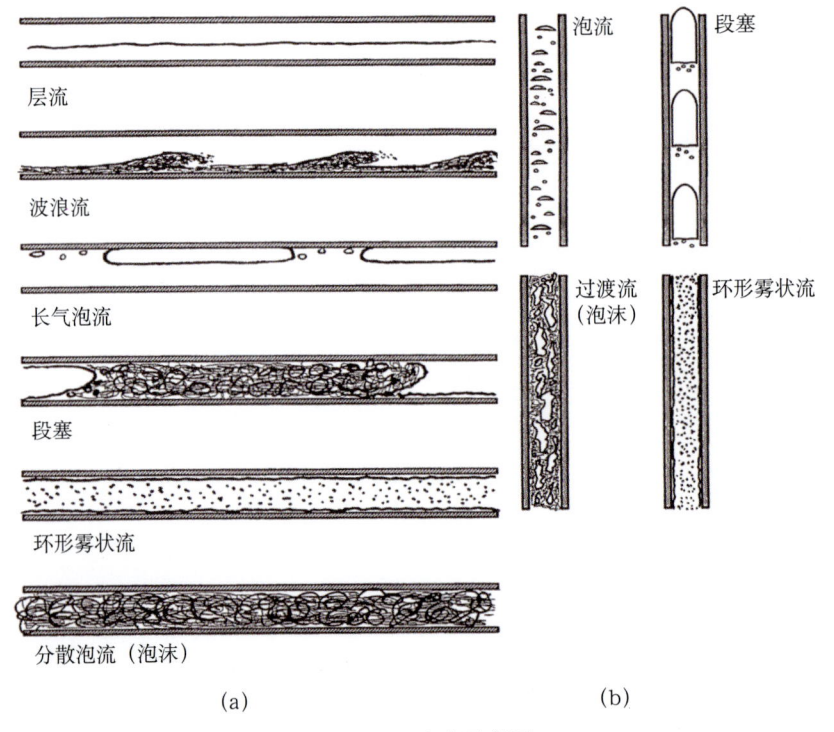

图 3.19　流态示意图

(a)水平流动流态；(b)垂直流动流态

图 3.20 很好地说明了多相流模型计算的复杂性。

变量多，流体（气体和液体）、密度、粘度、压缩性、钻屑密度、钻屑形状（或圆度）、流体组成等和变量间复杂的相互关系使多相流计算十分困难。这些变量是通过井模型的迭代元素迭代而得到。由于进行这样复杂的计算对资源和时间的要求很高，所以必须利用计算机来计算。

3.2.1.3 目前的多相流模型

有一些模型，曾经或目前仍然被用来在欠平衡钻井中模拟多相流（表3.7）。

表 3.7　常用的多相流模型

公　司	模型名称	设计基础
Maurer Engineering Inc	Mudlite 2	Chevron 泡沫模型
Shell/Landmark	Flodrill	机械（稳态）模型
Nowsco	Circa	各种关系式的结合
Weatherford	AMFM（仅泡沫）	Chevron 泡沫模型
Petrobas	SIDHAM	未知
Schlumberger	Sidekick（动态）	为高温高压井设计的 OLGAS 模型（井喷和井控）
Neotec	Wellflo	油管/气举模型
Wellflo Dynamics	流变模型（动态）	OLGAS 喷气模型，与 Sidekick 竞争
Signa Engineering	HUBS	机械（稳态）模型
Scandpower	Ubits	基于 OLGAS 的动态模拟模型

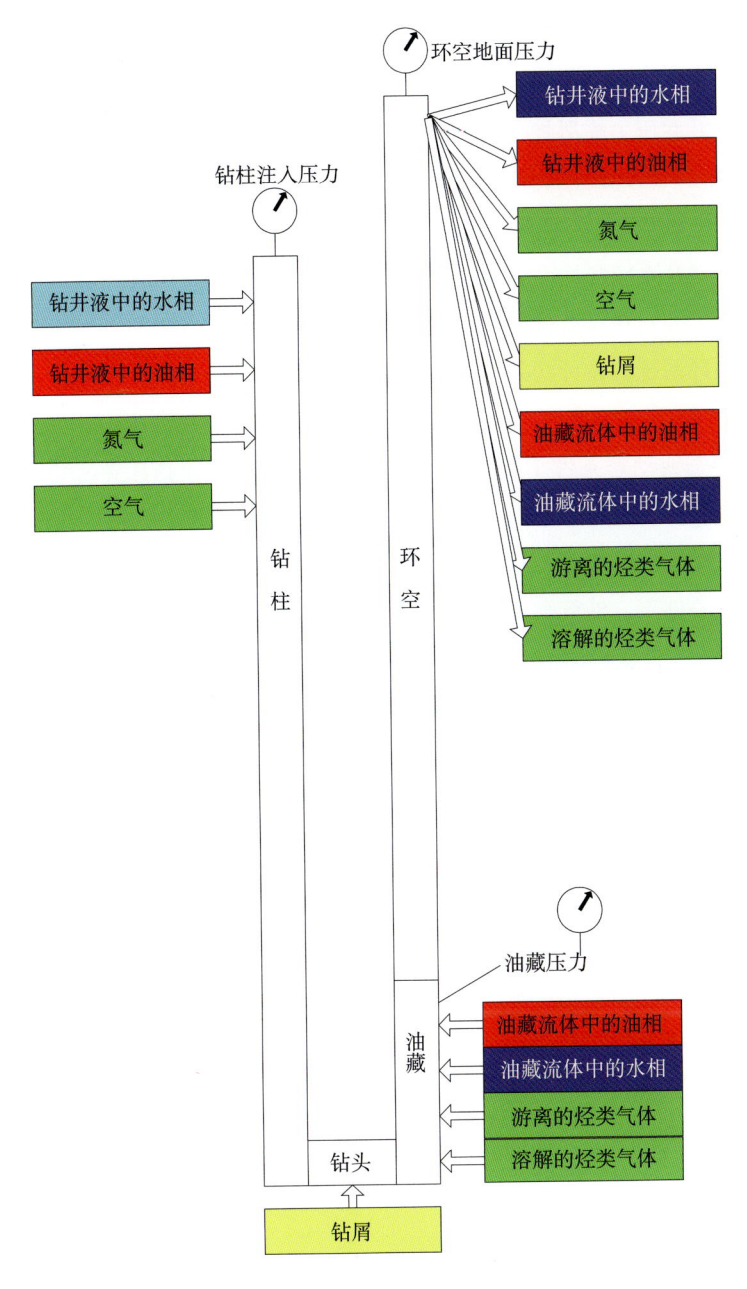

图 3.20 钻柱注入时多相流体的组成

对于欠平衡钻井，用得最广泛的多相流模型是 Neotec Wellflo7 模型。虽然这是一个静态模型，但在过去的 10 多年中，在欠平衡钻井工程师的帮助下得到了发展，是目前业内公认的综合性最好的模型。

对于动态模拟和练习来说，Scandpower 公司的 Ubits 软件应用最广泛。

3.2.1.4 循环设计计算

在设计一个欠平衡循环系统时，必须保持井底压力低于油气藏压力，与此同时，地面分离系统必须有足够的能力来处理排量及钻井所需的压力。分离系统必须有能力处理由于井内的裂缝或高渗透率层位带引起的产量突增，并在井口流量超过地面分离设备安全处理能力时具有"抑制"产量的能力。不仅井底压力需要控制，地面分离系统也必须在井和油气藏的设计参数范围内运行。

如果采用一个在1000psi压力下可正常工作的地面分离系统，而设计井的最大地面压力是250psi，这就将引起系统内的不匹配，最后导致钻井停工。

油气藏井眼、钻井系统和地面分离系统组成的整个系统必须在同样的参数下工作。调整一个欠平衡系统需要经验和对该系统的全面了解，以便优化欠平衡作业。

欠平衡钻井循环系统的设计必须考虑下列因素。

- 井底压力：

井底压力在静态或动态条件下都必须低于有效油气藏压力，该压差提供了井眼产液的驱动力，以使油气藏内流体能流入井眼内。

- 油气藏流入性能及控制：

在欠平衡钻井条件下，油气藏的产能不仅是井底压力的函数，也是油气藏特征，如渗透率、孔隙度和油气藏暴露在井眼内的长度、泄油半径和生产压差的函数。

由于其他油气藏参数基本上是由地质条件确定的，所以生产压差是控制油气藏流入量的最主要因素之一。因此，必须通过钻井液的液压或节流管汇控制井底压力，以控制油气藏的流入动态，这是欠平衡钻井井控的重要部分。

- 钻屑输送及井眼清洁：

钻进过程中产生的钻屑必须像常规钻井一样通过钻井液的水力作用及时从井底清除。为了有效地清洁井眼，流体的环空速度必须至少是钻屑沉降速度的两倍。在欠平衡钻井中，钻屑输送中并未考虑气相，但假设井眼清洁一般需要一个最小的液相环空流速。

- 多相流环境下的马达性能：

在多相流钻井中很重要的一点是马达性能不能受到水力因素的影响。也就是说，通过马达的流量应足以提供必要的性能，并在马达操作范围内。必须知道，在井底温度和压力条件下，气体的特性很像液体，并且泵入的气体越多，通过井下马达的气体流量也就越大，这也就是通常所说的ELV（当量液体体积）。

- 地面设备作用及其限制：

钻井过程中的油气藏产能和暴露在欠平衡钻井井眼中的油气藏长度是驱动因素。在设计地面分离系统时，必须保证其能够处理预计的流体流入量。

欠平衡钻井井控的一个必要部分是地面分离系统的作用和相关的由储层流体引起的冲蚀速率。

设计地面设备时，不论是瞬时还是在稳定状态下，地面设备都必须能够处理最大预计产量。

- 环境因素：

由于政府法规和／或作业者的政策，欠平衡钻井时必须减少排放或是达到零排放（不燃烧天然气）。在这种情况下，地面分离系统在设计时，必须确保能够完全容纳产生的钻屑和油气藏流入流体——油、气和水。气体回收系统正在研发中，但段塞和间歇生产问题难以解决。

- **井眼稳定：**

井眼暴露在压差下会对井眼周围地层施加应力。如果该应力超过地层强度，将发生井壁坍塌。因此，进行彻底的井壁稳定性研究及评价储层实施欠平衡钻井的可行性非常重要。

审核欠平衡钻井的设计时，需要考虑在钻井过程中上覆地层暴露在欠平衡压力下，因此应下入套管柱隔离潜在不稳定地层。

3.2.2 流动模拟

进行欠平衡钻井设计时，应向作业者提供下列图表。

- 环空井底压力与气体注入速率的关系图；
- 当量马达排量与气体注入速率的关系图；
- 最小井眼清洁速度与气体注入速率的关系图；
- 环空摩擦压力与气体注入速率的关系图；
- 环空持液率与气体注入速率的关系图；
- 钻柱注入压力与气体注入速率的关系图；
- 钻柱内持液率与气体注入速率的关系图。

这些图表将为欠平衡钻井作业提供一个完整的操作图，可以从这些图表中选择需要的参数（图 3.21）。虽然有一些其他的问题需要进一步考查，但这些图表将为欠平衡钻井提供操作窗口和对井动态的深刻理解。

在最初的设计时，储层流入的流体通常被忽略。我们首先必须保证即使在没有油气藏援助的情况下，油气藏中仍可达到欠平衡状态。

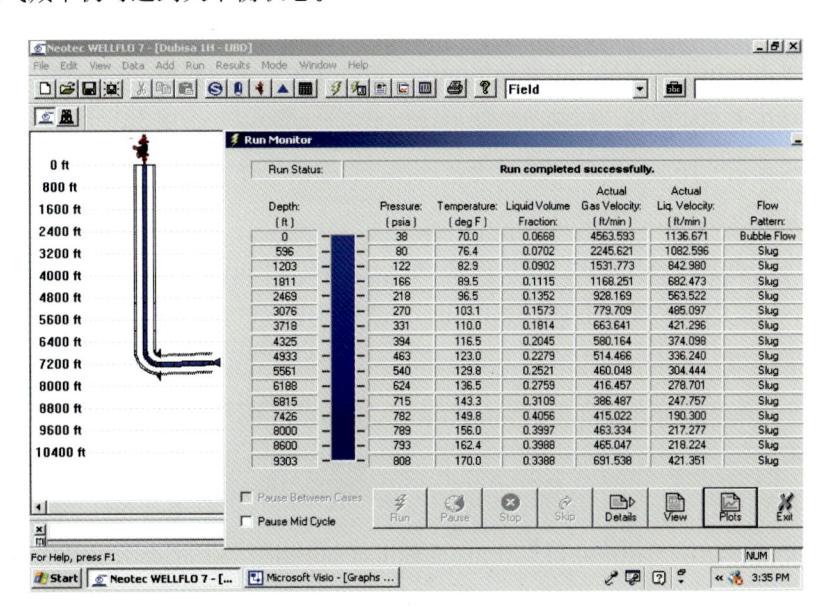

图 3.21　Neotec 公司的 Wellflo 多相流模型截图

3.2.2.1 环空井底压力与气体注入速率的关系

环空井底压力与气体注入速率的关系图为欠平衡钻井提供了一个操作窗口，数条曲线形成了操作窗口的边界。

环空井底压力与气体注入速率图是一幅水力压力与气体注入速率关系的组合图。

当气体注入一个流体系统时，水力压力将随注入气量的增大而降低（图3.22）。

随着气体在系统中的增加，气体在井底被压缩，随着气体逐渐上升到地面，其体积将不断膨胀。

因此，随着更多的气体进入系统，井筒内的摩擦压力将增加（图3.23）。

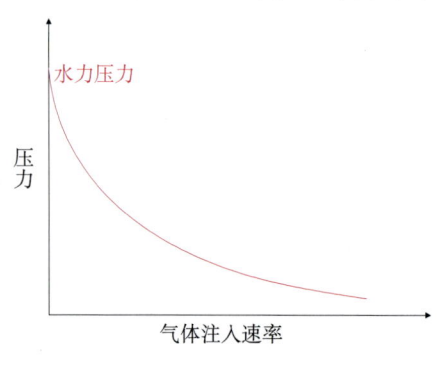

图 3.22　水力压力随着气体注入速率增加而降低

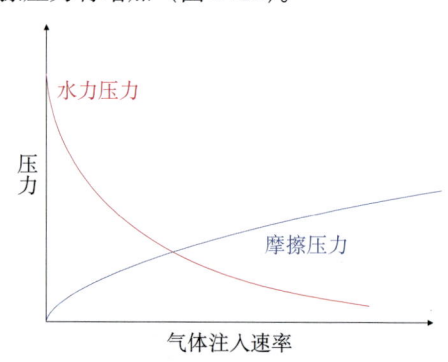

图 3.23　摩擦压力随着气体注入速率增加而增加

可见，随着注入气体增多，水力压力将降低，但摩擦压力将随着越来越多气体进入井内而开始增加，并在返向地面过程中沿途膨胀。

如果我们将这两种作用合成在单一曲线中，我们将得到下面所示的非常典型的压力与气体注入速率"J"形曲线（图3.24）。

棕色曲线是水力压力和摩擦压力的合成曲线。可以从棕色曲线的第一部分得知，随着气体注入量的增加井底压力迅速降低。这部分曲线被认为是设计曲线中水力压力占主导的部分。

随着气体注入量的增加，井内摩擦压力将增加，这是由气体膨胀引起的。压力曲线比较平坦的部分被认为是摩擦压力占主导的部分。

随着气体注入速率进一步增加，由于摩擦压力的影响，井底压力将开始增加。

因此，这一点与石油行业的普遍观点相反，那就是并非气体注入量越多越好。

井底压力稳定性

当设计一个可提供稳定井底压力的循环系统时，该系统不仅应该避免压力激动，而且应该避免产生段塞问题。

根据钻井操作窗口，钻井工程师可以确定在某一特定的气体注入速率下，流动是受静水压力损失主导还是受摩擦压力损失主导[1]。性能曲线上任何斜率为负的点都代表压力受到静水压力

---

[1] "受摩擦压力损失主导"并不意味着摩擦压力损失大于静水压力损失。

损失的主导。这些点本质上是不稳定的，表现在气体流量的微小变化将导致压力出现明显变化，并且随着气体流量的降低，井底压力增加。

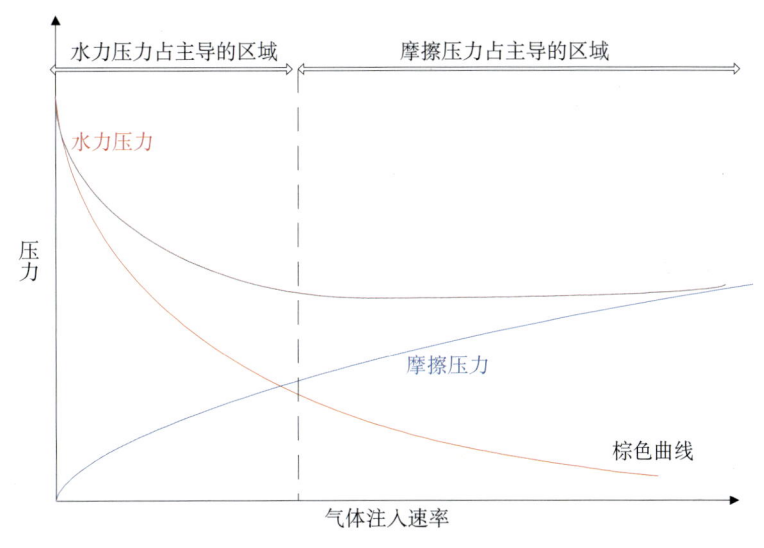

图 3.24　井底压力随着气体注入速率增加降低

在静水压力占主导的部分作业，将意味着钻井过程中段塞问题严重。

性能曲线上任何斜率为正的点都代表流动受到摩擦压力损失的主导。这些点本质上是稳定的，表现在随着井底气体流量的增加井底压力同时增加。

相反，这意味着气体注入速率增加引起的水力压力的损失量不及气体注入速率增加引起的摩擦压力的损失量。

这些信息可用于许多方面。如果需要降低井底压力，在流动受静水压力主导的情况下，降低气体注入量（对仅熟悉单相流的人来说，答案是显而易见的）将导致井底流动压力增加。另外，如果需要使用大量液氮，氮气（作为注入气）的花费将是欠平衡钻井作业的主要成本之一。

人们对欠平衡钻井最普遍的误解之一是认为注入氮气量（气体）越多越好，这是从静水压力为主导的钻井作业情况考虑的。因为在这种情况下，气体注入速率增加会引起井底压力显著降低。然而在摩擦压力为主导的钻井作业中，气体注入速率的增加不仅会使井底压力升高，而且可能显著增加钻井作业中所使用氮气的相关成本。

Saponja 建议在压力曲线中摩擦力为主导的操作范围进行欠平衡钻井。在压力曲线中静水压力为主导的操作范围内进行的作业，经常会出现周期性的井底压力变化，很难获得稳定的系统。解决的办法一般是使用较多的气体，使操作逐渐过渡到设计曲线中摩擦力为主导的范围。

这样对于一个具体的设计案例，操作窗口不仅能确认欠平衡钻井的可行性，而且为允许的和最优的气体注入速率以及注入速率对井底流动压力的影响提供有价值参考标准，操作窗口还为设计参数提供了一个范围。

然而，操作窗口不能解决一切问题。操作窗口上的每一个点都对应一个具体气体注入速率下的单一井筒计算。对所有这些点的计算，可以通过分析原始持液率、实际的气体和液体流动速度、压力和温度的分析图形来获得额外的有价值的信息。目前这种情况下我们只关心井底压力。

图 3.25 表示的是井底压力与气体注入速率之间的关系。在给定排量下，我们针对某一特定流体体系、井身结构、钻柱结构和地面压力条件计算出了井眼压力。

当我们建立这张图时，需要考虑很多其他的问题。

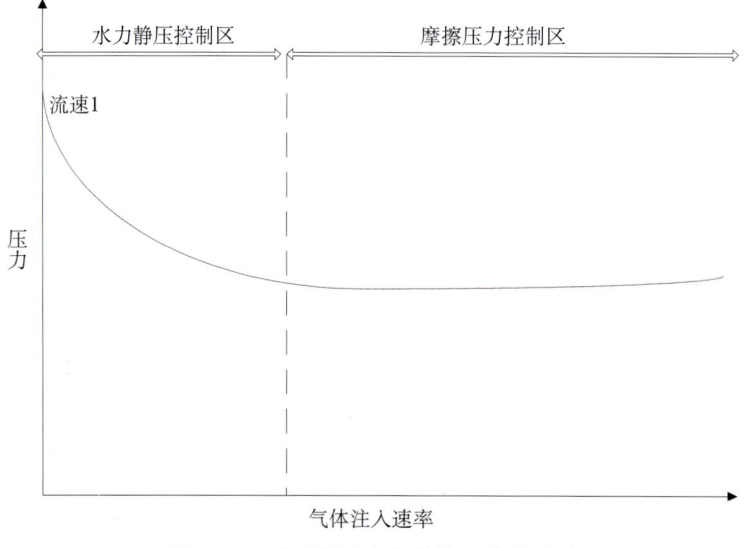

图 3.25　井底压力与气体注入速率关系

第一个问题当然是油气藏压力。我们需要确定是否真能实现欠平衡状态，目标压力一般设定为低于已知油气藏压力的某个值（图 3.26）。

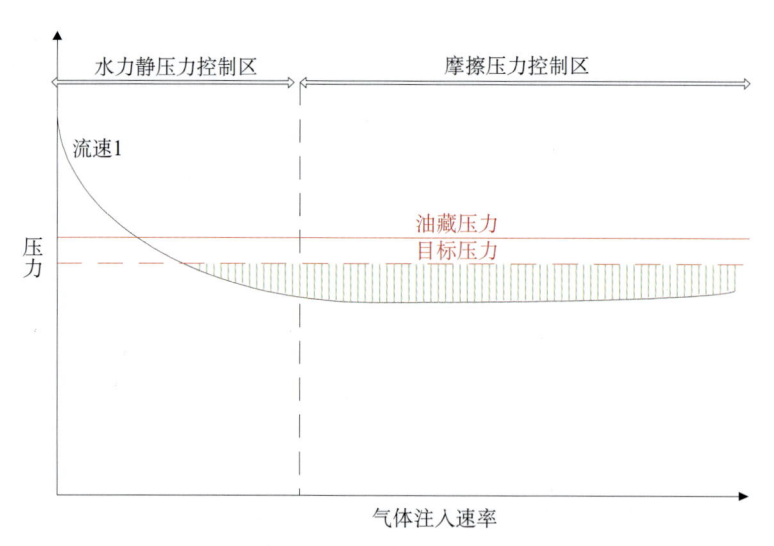

图 3.26　井底压力随气体注入速率增加而降低与油气藏压力窗口

我们现在看到了一个可在低于油气藏压力的条件下达到欠平衡状态的系统（图 3.27）。设计曲线的摩擦压力主导部分低于油气藏压力，这就提供了流动模拟的第一个作业参数。

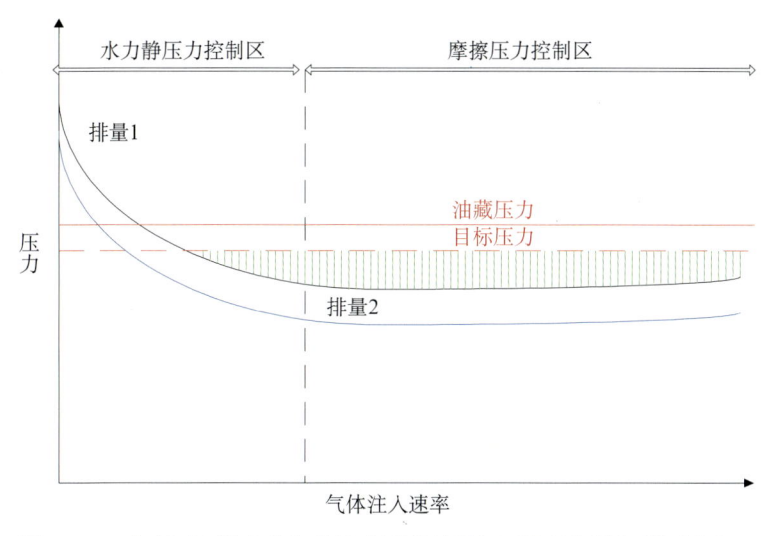

图 3.27　井底压力随多种气体注入速率的增加而降低与油气藏压力窗口

该曲线通常包括 3 ~ 4 个不同的排量，详见下面的图表。

一旦计算出 4、5 个排量之后，就可将其余作业参数加进去，进而确定作业窗口。

在图 3.28 中可以看到允许通过马达的最大排量和最小排量曲线。

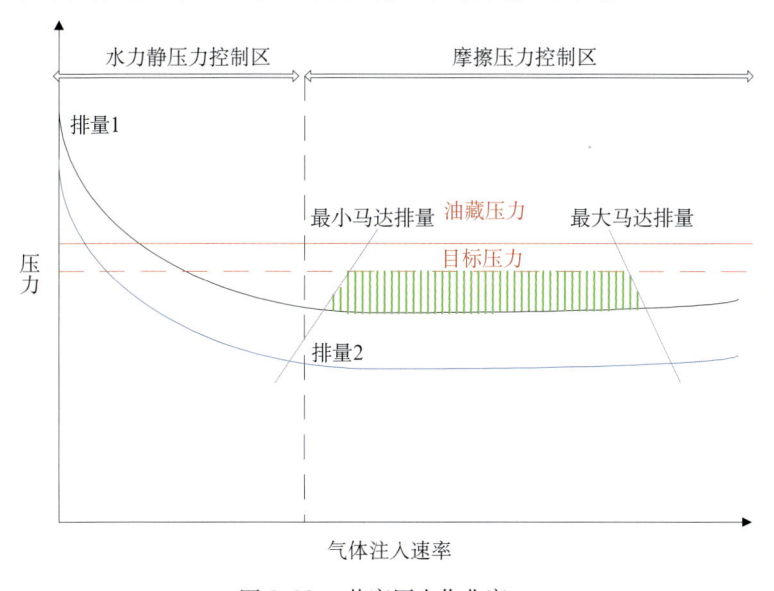

图 3.28　井底压力作业窗口

图 3.28 告诉了我们井下马达驱动钻头所需的最小排量以及马达能承受而不致损坏的最大排量❶。

该曲线上提供的最后信息是清洁井眼所需的最低液体流速。再次指出，在设计图上有时不能体现这一点，因为在没有气体注入时环空速度可能已经足够了。

完整的井底压力窗口和操作窗口的实际投影分别见图 3.29，图 3.30。

---

❶ 最大马达排量可能是最大气体注入排量。在同一张图中，并不总有马达排量限制。

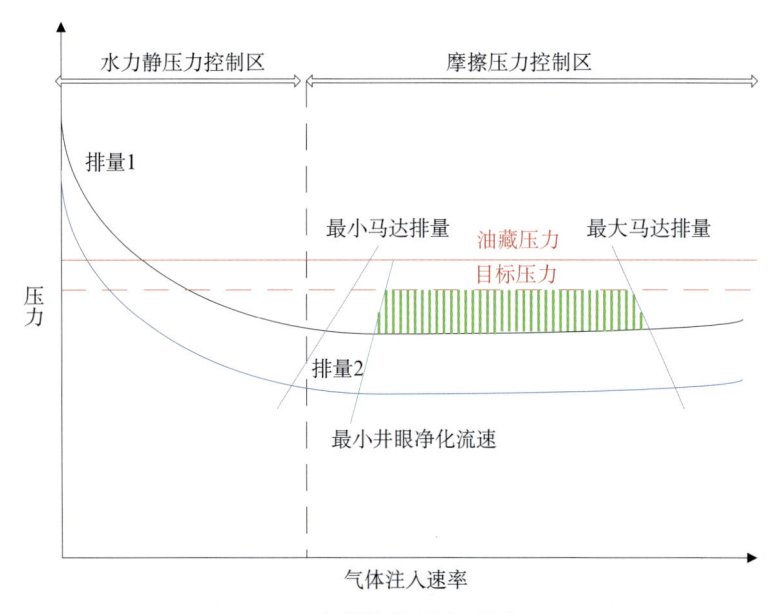

图 3.29 完整的井底压力操作窗口

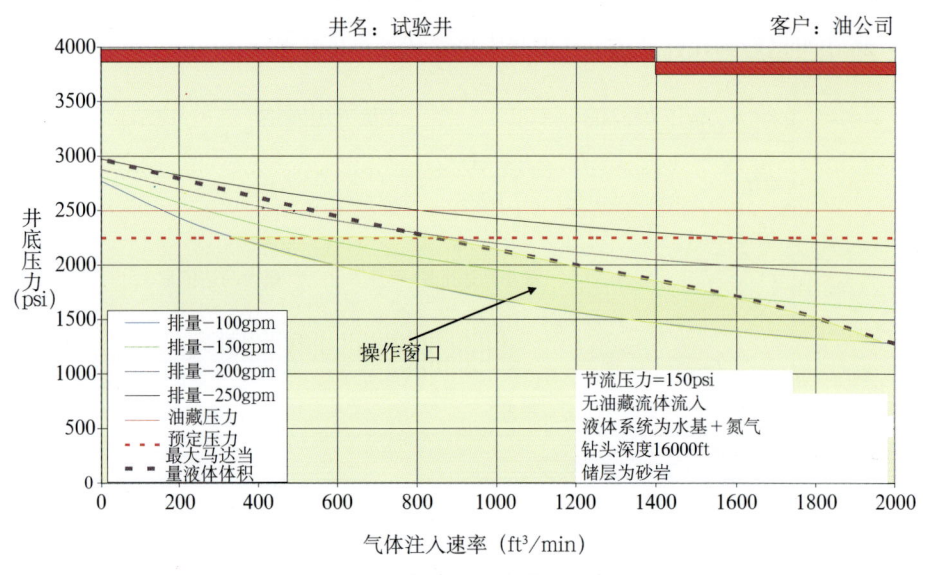

图 3.30 欠平衡钻井操作窗口的实际投影

3.2.2.2 当量马达流量与气体注入速率的关系

为确保一个足够大的流量通过井底马达，应计算通过马达的当量液体流速。

图 3.31 还可以为确保马达在工作范围内工作提供重要依据，必须从马达供应商处获得所用马达的最小和最大参数。

与该图表相关的公式如下所示：

$$当量马达排量（gpm）= \left\{ \frac{气体速率（ft^3/min）}{\left(\frac{198.6 \times 井底压力（psi）}{460 + 温度（°F）}\right)} \right\} \times 42 \times 液体速率（gpm）$$

公式中考虑了井底压力和温度，以及通过马达的液体及气体流量。井底压力和马达排量将随气体流量变化而变化。

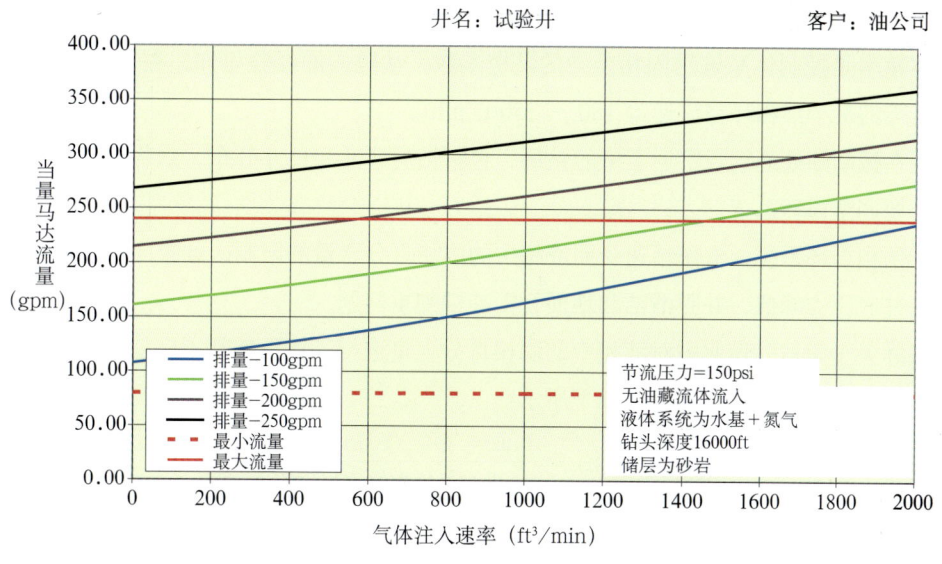

图 3.31　通过井底马达的当量流量

井眼清洁：

欠平衡钻井过程中必须严密监控井眼清洁情况。环空内的流体流变性降低（一个非常稀的无固相悬浮的流体，两相紊流），并且通常机械钻速增加。当流体从钻头向上流动时，两相流的一个好处是流体和钻屑输送速率增大（由于气体膨胀）。

井眼清洁的主要难点区域是井眼倾角在45°到50°之间的区域，以及紧靠在钻头后面的区域。紧靠钻头后面的区域对于井眼清洁来说可能是最关键的区域，因为此处的储层流体流入非常有限。在该区域，液相速度和井眼清洁仅是泵入或注入钻柱的流体种类和流速的函数（图 3.32）。

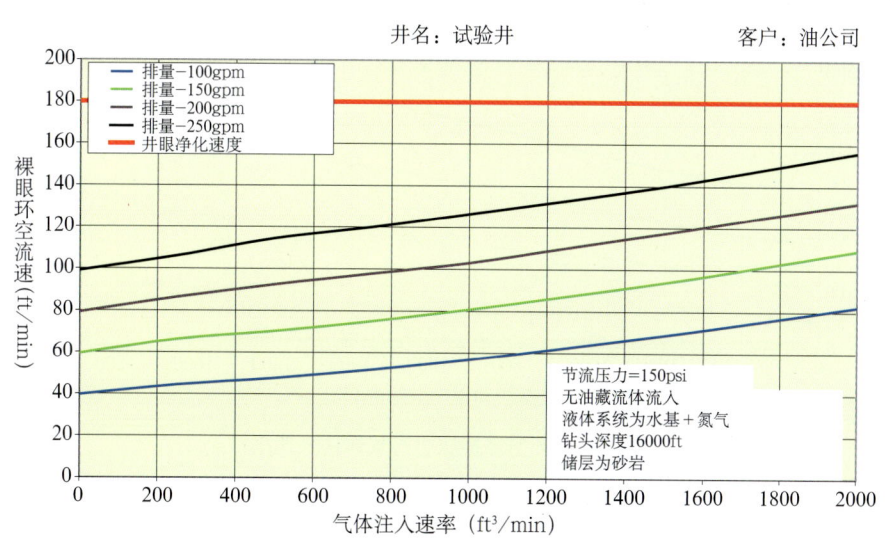

图 3.32　井眼清洁速度

两相流中决定井眼清洁情况的因素与单相流非常相似。井眼清洁效率和固相输送主要受到液相速度和固相含量的影响。研究结果和现场经验表明，两相流动对于清洁岩屑更有效。气体的加入形成了紊流流态，可以在最大程度上抑制钻屑床的形成。

液体速率是控制体系输送固相能力的关键参数。从过去的经验可知，在井斜大于10°的井眼内，所需的最小液相环空流速为180～250ft/min。

需要在振动筛处连续观察返上来的钻屑，包括钻屑尺寸和尺寸分布，以确定井眼清洁效率和是否有必要调整循环系统。

对于两相循环系统，机械钻速受到液相中的固相百分含量的限制。如果固相含量过高，会导致过平衡井底压力峰值、井眼清洁和地面管汇冲蚀加重问题。

在实际欠平衡钻井作业中对液相中的固相百分含量进行了评估，其不应超过2.5%～4.0%。

用于计算最大机械钻速的公式如下所示：

$$最大钻速（\text{ft/h}）= \frac{0.025 \times 排量（\text{gpm}）\times 0.1337}{\left(\frac{钻头尺寸（\text{in}）}{12}\right)^2 \times \frac{\pi}{4}} \times 60$$

与井眼清洁相关的设计曲线是最低液体环空速率与气体注入速率的关系曲线。

最低液体环空速率与最大环空直径相关。虽然在多相流领域，许多有关井眼清洁问题的争论仍在进行，但还是认为液体环空速率是一个很好的参数。

3.2.2.3 环空摩擦压力与气体注入速率的关系

环空摩擦压力将指示因流速导致的环空压力损失（图3.33）。较大的环空压力损失通常是由于环空直径小所造成的，如果环空压力损失高，在接单根时必须考虑这点。

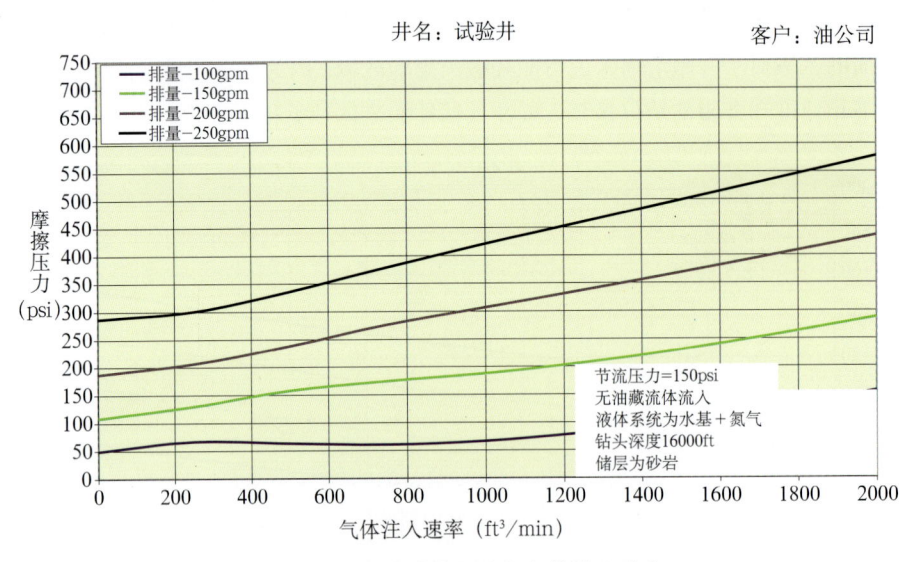

图3.33　环空摩擦压力与气体注入速率

切断气体、液体的循环将导致井底压力的急剧降低，进而产生高的油气藏流体流入量。一旦重新开始钻进，它将被循环出井眼。在循环出井眼之前，它会使系统产生段塞或呈现不稳定状态。

如果不采取适当的措施,低环空压力损失可能很快就导致井眼进入过平衡状态。

3.2.2.4 环空持液率与气体注入速率的关系

建立环空持液率与气体注入速率的关系图是为了了解因为起下钻或接单根而停止循环时井内可能发生的情况。切断气体和液体的循环,将导致气体和液体在井下分离。

根据气体和液体在环空中的平均百分含量,我们可以计算出液体的液面位置、液体在井内的总量以及产生的井底压力。

图 3.34 表示出了环空中的气体体积分数与气体注入速率的关系。

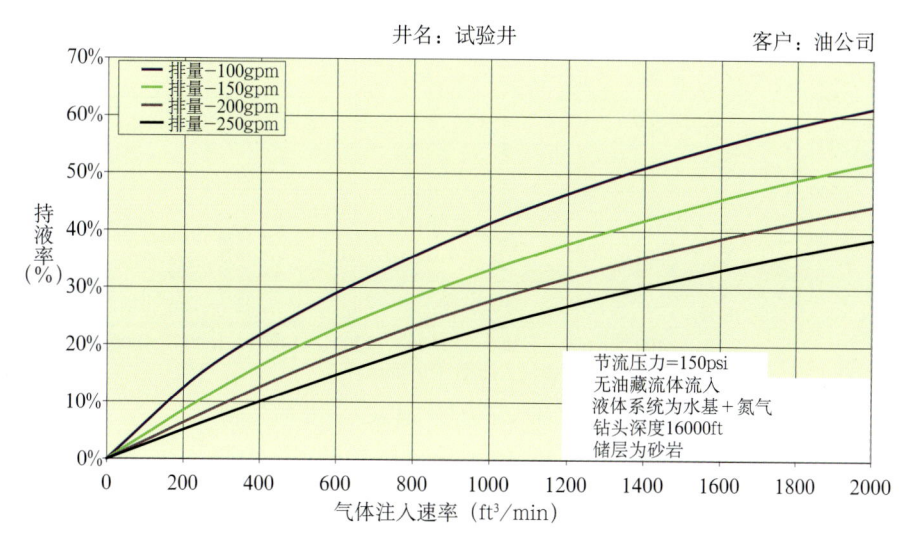

图 3.34　环空中的气体体积分数与气体注入速率的关系

3.2.2.5 钻柱注入压力与气体注入速率的关系

如果我们采用钻杆注入气体方式,必须先估算出钻柱注入压力,以确保在循环时泵压足以将气体和液体注入钻柱。虽然立管压力没有直接作为欠平衡参数使用,但是钻井时注入压力仍将提供指示作用。

如图 3.35 所示,如果对氮气装置和钻井泵来说注入压力过高,则必须对钻柱设计或随钻测量仪以及马达进行检查。

3.2.2.6 钻柱持液率与气体注入排量的关系

与环空持液率图一样,图 3.36 的目的是说明指示循环停止时的液面。与环空中的持液率结合,可以计算出井内的总液量。

3.2.2.7 油气藏中流体的流入量

在欠平衡钻井中,一旦钻头钻入油气藏,油气藏流体开始流入井筒。这时,必须对油气藏流体进入前的稳定多相流流态进行调整,以容纳流入流体,而不能打乱循环系统或移出已经建立的欠平衡窗口。油气藏流体的流入速率部分取决于生产压差(井底循环压力与油气藏压力间的压差)和油气藏的岩性。有许多基于岩石和流体参数估算油气藏流体流入速率的模型。然而,油气藏岩性是固定不变的,唯一的可调变量是生产压差(井底压力),可用其来调整油气藏流体的流入量。

正如前面所定义的，一口井的流入动态反映了油气藏在给定生产压差下的产液能力。油气藏流体流入动态是欠平衡钻井作业中非常重要的参数之一，因为它影响着油气井的产量和安全。

如果油气藏流入量突然增加（钻入裂缝以后），可能会对钻井作业造成严重影响。一定不能想当然地认为在欠平衡钻井过程中流量是一成不变的。

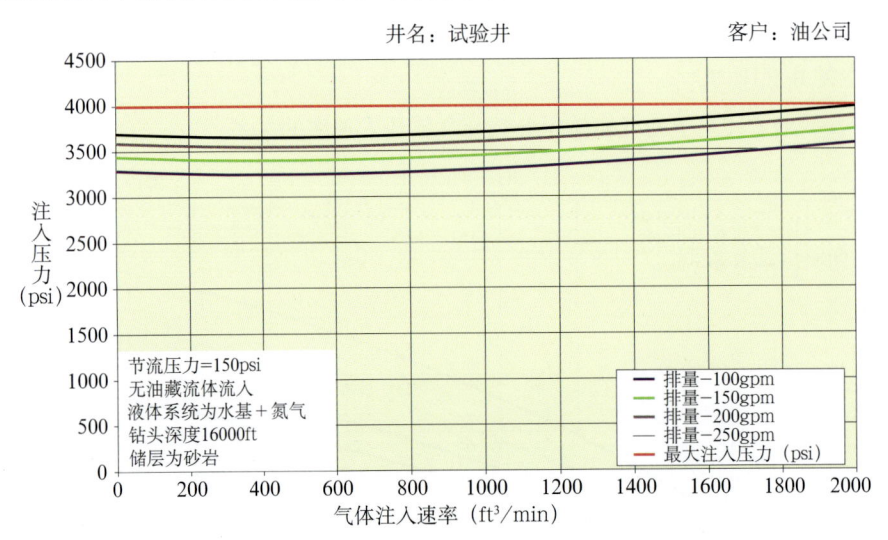

图 3.35　钻柱注入压力与气体注入速率的关系

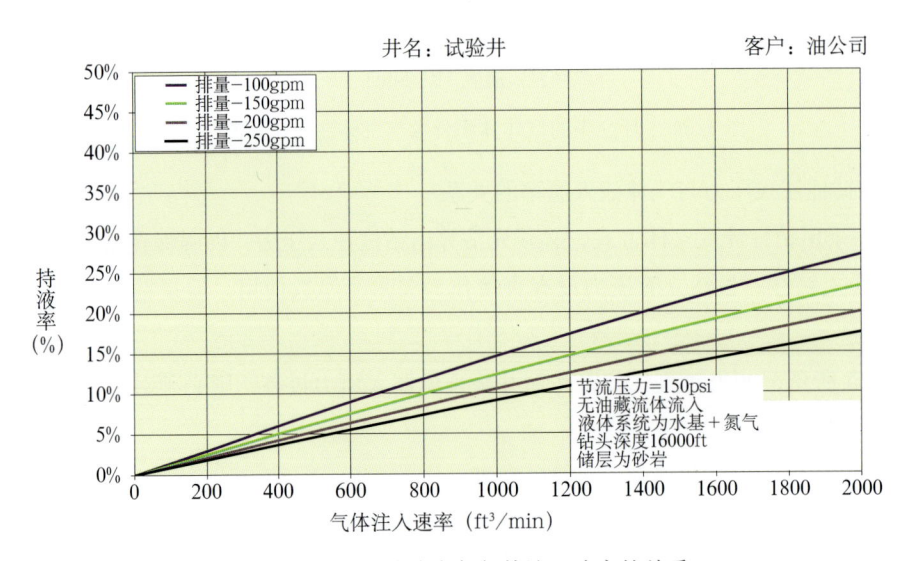

图 3.36　钻柱持液率与气体注入速率的关系

3.3 钻柱及井下工具设计

对于欠平衡钻井，在进行钻柱和井下工具设计时，需要考虑下面一些问题。

3.3.1 随钻测压（PWD）

到目前为止，每一次在钻柱上安装压力传感器且未引起停工的欠平衡钻井作业都证明了压力传感器的价值所在。然而，大量传感器在欠平衡钻井中会遇到振动问题及钻速太快而出现的问题。

在钻柱上安装一个井下测量工具或传感器将明显改善欠平衡钻井作业,并帮助井队优化钻井工艺以及加深对油气藏的了解。

3.3.2 欠平衡钻井中的常规 MWD 工具

最普遍的 MWD 数据传输技术是利用通过钻柱泵入的钻井液作为传输介质。泥浆脉冲遥测技术通过改变钻杆内泥浆的流动来传输数据,这种情况将改变地面上的流体压力。它要求井下装置有序运行,以便选择性地改变或调节钻柱内的动态流动压力,进而发送井下传感器收集到的实时数据。动态压力的变化在地面被测得并解调,进而从井下传感器得到实时的测量数据和参数。

地面上的信号强度取决于许多因素,包括泥浆性能、钻柱设计、排量、工具上产生的信号强度、遥测频率和一些其他因素。

当欠平衡钻井采用钻柱气体注入时,这些小的压力脉冲不得不在可压缩流体介质中传播。在可压缩流体介质中传播压力脉冲是困难的,目前的经验表明,泥浆脉冲遥测系统只能用于最大气体百分含量为 20% 的情况(立管中的体积比)。

这个比例根据井深、剖面、液相流体、钻柱／井底钻具组合、泵压和流速的变化会略为增大。但对于钻柱气体注入,MWD 压力脉冲技术是有问题的。

解决该问题的一种方法是在 MWD 和 PWD 工具中使用电磁遥测技术。

3.3.3 电磁随钻测量（EMWD）

环空压力测量的历史可追溯到 20 世纪 80 年代中期,Gearhart 工业有限公司在他们的随钻测量工具（MWD）上安装了环空压力传感器。此后,Anadrill 和其他服务公司开发了井底环空压力随钻测量传感器。

电磁遥测通过大地脉冲低频波将数据传输到地面（图 3.37）。实际上有两种方式可以实现此目的:一是在钻杆周围诱发一个轴对称电场,二是将电流从钻杆一端输送到另一端。我们称前者为"Imag",后者为"Emag"。

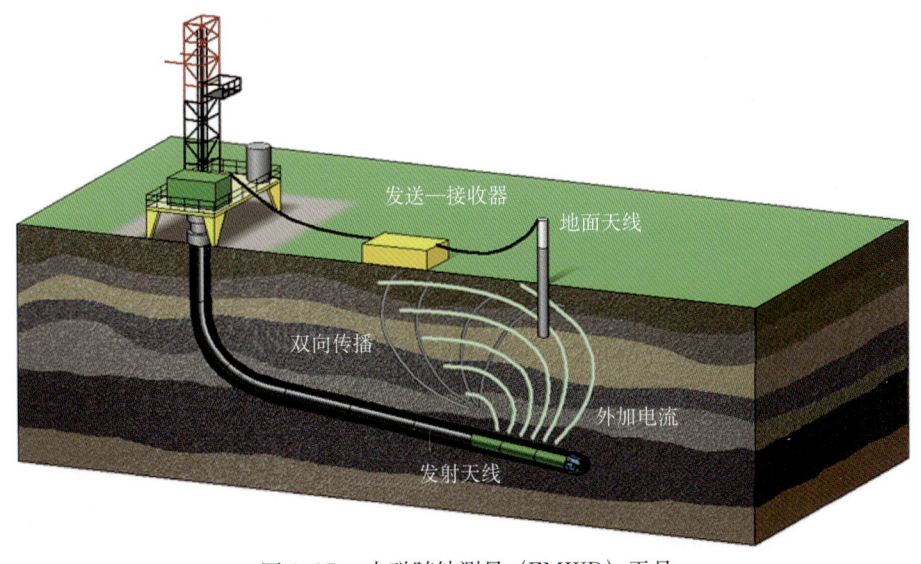

图 3.37 电磁随钻测量（EMWD）工具

Imag传输一般用于短距离反射系统，例如穿过一个马达。其优点是传输不依赖于泥浆性能，并且在岩石内部是分层的。信号是通过缠绕在钻杆上的螺线管线圈产生磁偶极子而发出的。金属和岩石的磁性比仅为100:1，但可通过在线圈中增加铁氧体磁心而在一定程度上增大偶极子的效率。

Emag传输一般用于较长距离的数据传输，信号通过钻铤上的电压差产生。电压差既可通过缠绕在钻铤周围的环形线圈感应出，也可在钻杆中加入绝缘的"隔断"直接产生。这样产生的电偶极子有一个长端（到地面）和一个"短"端（到钻头）。金属钻杆可作为一个长聚焦天线，因为它和岩石的电导率差异巨大（10000000:1）。Emag有一个缺点，在岩石性质存在差异，特别是在电阻率非常高的地层信号将被严重削弱，如蒸发岩。

陆上Emag信号可通过测量地面上标桩之间的电压差而得到。对于海上应用，理论上Emag信号可通过测量海底电压差或流回导管的电流而测得，但在海上真正应用Emag还存在许多困难。

Imag和Emag的信号都随频率的增加而衰减，特别是在页岩和低电导率的含水砂岩层中的信号衰减更严重。

随钻测压工具或PWD工具可明显改善欠平衡钻井工艺。在一口欠平衡井的初次起下钻阶段，一定应当使用PWD传感器。一旦油气藏流体开始流入井眼，PWD传感器将提供有关油气藏生产指数的重要信息。

3.3.4 单流阀

单流阀是欠平衡钻井所必需的设备，可阻止油气藏流入流体在起下钻或接单根时向上进入钻柱。人们必须认识到单流阀下有压力。

钻柱中浮阀的位置取决于井底钻具组合工具和支撑作业安全管理的操作思想及规程。在井底的钻具组合和钻柱中的浮阀数量也是与预期风险和管理一致的公司政策方面的问题。

如果钻井浮阀全部失效，可以用加重液体压井，同时起出钻柱并更换或维修浮阀。

钻杆注气钻井时，在钻柱顶端安装一个浮阀（常被称作钻柱浮阀）是一个很好的做法，因为通过它可以减少接单根之前的排压时间而提高作业效率。该顶阀通常是一个可用钢丝绳回收的浮阀，当需要钻柱内的通道时，可将其取出（图3.38）。

通常在井底钻具组合之上，以及钻头之上各安装一个双浮阀，这样可以确保其中一个双浮阀失效时仍能正常作业。

通常使用的两种无孔钻柱浮阀分别是活瓣浮阀和柱塞浮阀。

活瓣浮阀靠一根弹簧支撑，为取心或关井工具提供球通道。钢丝绳不能通过活瓣浮阀，因为一旦工具通过后阀就关闭，工具不能取出。

3.3.4.1 G型活瓣浮阀

贝克G型钻杆浮阀是由经过正火、淬火及回火的合金钢制成的，可抵抗磨损和冲蚀（图3.39）。循环过程中挡板阀应完全打开，提供一个阀通过的无限制通道，因为没有流体分流冲刷钻铤内壁，因此，可有效延长阀和钻铤的寿命。循环停止时，挡板阀应立刻关闭。

图 3.38　井控 U 形管

3.3.4.2 F 型柱塞浮阀

贝克 F 型钻杆浮阀可针对高压或低压进行正向瞬时关闭，确保钻井过程中对流量的连续控制（图 3.40）。在正常钻井作业中，耐用的 F 型滑阀是最经济的，并且有各种尺寸的产品。

图 3.39　G 型活瓣浮阀　　　　　　　图 3.40　F 型柱塞浮阀

3.3.5 可用钢丝绳回收的浮阀

可用钢丝绳回收的浮阀通常安装在钻柱的上部，它可将钻柱内气体迅速排出进而使接单根得以进行（图3.41）。

这种阀用于避免在每一次接单根时排放整个钻柱内的气体，并且为钻柱上部提供了另一个井控屏障。

图3.41　可用钢丝绳回收的单流浮阀

如果需要将钢丝绳穿过钻柱或需要将阀移动到钻柱较高位置，可将阀回收取出。阀被固定在有锁紧剖面的接头上，它是钻柱的一部分。

3.3.6 井下隔离阀

设计井下展开阀或套管阀是为了避免不压井起下钻作业，或避免欠平衡钻井中起下钻柱时的压井作业。

在欠平衡钻井中，起下钻柱有多种方式。可以边让油气藏流体流入边起下钻，也可以使用不压井起下钻装置起下钻，还可以压井并在过平衡条件下起下钻。如果欠平衡钻井的目的是提高油井产能，就不能选择压井。

为避免使用不压井起下钻装置，人们开发了两类井下套管阀。

井下阀或展开阀作为套管柱的一部分下入井内，当处于打开位置时，为钻头提供全径通道（图3.42）。起钻开始时井下阀也是敞开的，但一旦钻头起到该阀之上，阀立即关闭，阀以上的环空即可卸压（图3.43）。

现在，可将钻柱以常规起钻速度起出井筒而不需要使用不压井起下钻装置，这样既减少了钻井时间，又提高了人身安全。然后将钻柱下入井中，直到钻头正好位于展开阀之上，此刻阀上、下的压力平衡，打开阀并下入钻柱，继续钻井作业。

目前提供的套管阀额定压差最高达到5000psi，可用于7in、9 $\frac{5}{8}$ in、10 $\frac{3}{4}$ in的套管。

3.3.7 钻柱设计

钻柱设计与套管或油管设计的目的相同，都是为了提供一套能在预期钻井条件下可正常工作的钻具组合。钻柱设计必须满足下列功能：

- 传递和支撑轴向载荷；
- 传递和支撑扭转载荷；
- 传递水力功率；
- 提供一个井控屏障（欠平衡钻井）。

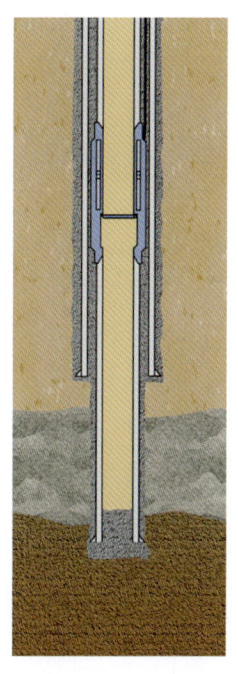

图 3.42　双展开阀（DDV）在井内的位置　　图 3.43　双展开阀（DDV）系统的活瓣浮阀和制动套筒

为实现该目标，钻柱设计必须满足下列条件：
- 保持钻柱上任何一点的最大应力小于考虑保险系数之后的屈服强度；
- 在经济可行的前提下尽可能延迟疲劳；
- 如果预计存在 H_2S，应提前做好防护；
- 应保持压力密封和气密（欠平衡钻井）。

上述每个条件的重要性排序取决于井的设计和目标。

欠平衡钻井的钻柱可以是普通钻杆，也可以是连续油管（表 3.8）。井眼尺寸、储层钻穿情况及定向轨迹将决定普通钻杆和连续油管哪个是最佳的钻柱选择。如果需要的井眼尺寸大于 6 1/8 in，必须使用普通钻杆。如果井眼尺寸为 6 1/8 in 或更小，可以考虑使用连续油管。

目前应用于欠平衡钻井作业的连续油管的外径在 2～2 7/8 in，这个尺寸的选择标准包括多个因素，如水力学参数、钻压、张力要求和管的总重量。

偶尔可能会由于吊车或运输限制，或者连续油管的使用寿命不经济等因素而排除理想的连续油管作业。

总的来说，连续油管和普通钻杆系统各有优缺点（表 3.8）。对于普通钻杆系统，需要考虑钻柱性能及带压起下钻。当转盘和井口之间留有固定距离时，在平台或钻机上安装一个旋转头或不压井起下钻装置会导致钻机很难安装。必须对以前陆上钻机的一些操作重新进行设计，以适应旋转控制装置和不压井起下钻系统。

如果井眼尺寸及井眼轨迹允许，使用连续油管进行欠平衡钻井可能是最简单的。但这个优点应和下列情况的成本进行比较：即用普通钻机钻井，仅在欠平衡段使用连续油管。

表 3.8　连续油管与普通钻杆比较

连续油管与普通钻杆比较	
连续油管	普通钻杆
钻井过程中无需接单根	接单根时需要切断气体注入，这将导致压力峰值
可承受较高的压力	旋转转向器静压力上限：5000psi
高强度的钢丝绳使 MWD 系统在充气流体中运行更容易	MWD 系统在充气流体中不可靠
无需不压井起下钻系统	控制压力需要不压井起下钻装置
最大适用井眼尺寸为 6in	无井眼尺寸限制
井眼清洁更关键	旋转有助于井眼清洁
在高压井中有管子被挤毁的可能	对于气井，需要特殊的钻柱接单根作业
过油管钻井成为可能	在常规的钻机上进行过油管钻井作业需要特殊的钻台工具
防喷器组较小	防喷器组需要旋转导向系统
成本较低	较高的钻井成本
受摩阻限制，无法钻长水平段	有能力钻长水平段

与传统钻柱设计相比，欠平衡钻柱设计是简化的，因为避免了过平衡钻井中普遍遇到的问题。钻柱通常光滑，没有震击器，稳定器的数量也最少。在有压力的情况下，起下钻过程中稳定器通过旋转控制头时会出现问题。

任何用于钻井的钻铤必须光滑，以便起下钻过程中保持井控。当螺旋钻铤通过旋转控制头起出时会发生泄漏。

3.3.8　钻杆

传统钻杆可以用于欠平衡钻井作业。由于一些原因，钻杆接头更加重要。

欠平衡钻井作业中的扭矩和摩阻通常是过平衡钻井作业中的两倍。因此，转动钻杆需要更大的扭矩，这对于钻杆接头和给定地面设备的最高工作强度都有直接的影响。

目前，市场上没有多少接头是真正的气密接头（图 3.44）。虽然很多制造商会推荐大量的接头，但他们不能保证接头的气密性。事实上，仅 Grant Prideco 公司的 XTM（超大扭矩金属密封）接头敢保证它们是气密接头。XTM 接头采用的是径向的金属对金属密封，可保证接头的气密性（图 3.45）。

图 3.44　普通钻杆接头　　　　图 3.45　XTM 接头

虽然现场经验表明，Hydril WT（契形）接头系列并不是在所有条件下都是气密性的，但仍然可采用它们。此外，如果能够对大多数长的双台肩接头（例如 DSTJ 或 VAM，XT 和 HT）正确地上螺纹油或维护，它们也是气密接头。

下面的工具接头常被用于欠平衡钻井：

Hydril WT38 或 WT39 和比得上 NC 接头的 HT38。更多的信息请登录 www.hydril.com。

有关 Grant Prideco XTM39 接头的更多信息请登录 www.grantprideco.com。

欠平衡钻井所用钻杆不应有塑料涂层，这一点也很重要。在充气流体中，塑料涂层可能从钻杆上剥落，堵塞钻柱。用于钻杆的新型抗摩蚀、可液态使用的改性环氧酚或陶质环氧树脂涂层系统可用于欠平衡钻井作业。

3.3.9 耐磨圈

必须仔细检查钻杆上的所有耐磨圈。钻杆上的耐磨圈会磨坏旋转控制头的橡胶胶芯，这比无耐磨圈钻杆的磨损要快得多。如果需要耐磨圈，应该尽量光滑。有些作业者开始在他们的钻杆上使用 Armacor 牌耐磨圈。

3.3.10 钻杆上的橡胶胶芯

在欠平衡钻井时，不能使用钻杆保护橡胶胶芯，原因有两个：第一，在较深井眼中保护橡胶饱受气体浸透，起出井眼后会发生爆炸性泄压；第二，在起下钻和钻进中钻杆橡胶胶芯在通过旋转控制头时会导致漏气。

3.3.11 震击器

在使用普通钻杆的欠平衡钻井中，使用钻井震击器不是一个简单的决定。在欠平衡钻井中，也可以使用钻井震击器，它们与在过平衡钻井中使用时同样有效。在进行欠平衡钻井时不会发生压差卡钻。需要考虑的与震击器相关的一个问题是，通过不压井作业装置起下震击器。

起出或下入井眼时，推拉钻柱所需的外力在许多情况下足以安放和／或起下钻井震击器，这在一定程度上损害了钻井震击器的操作有效性。当有证据表明采用钻井震击器会使起下钻更困难或损害震击器的操作有效性时，最好不要采用钻井震击器。

在开泵和停泵时，钻柱和环空间形成的压差就可能激活（锁紧或解锁）一些井底钻具组合组件。采用这些原理工作的工具，由于在欠平衡钻井时钻柱中和环空中的流体组成不同，很可能会受到干扰。

3.3.12 井下马达

在欠平衡钻井中，井下马达的选择和使用很重要，许多欠平衡井都是水平井或定向井。容积式马达（PDM）、叶轮液压马达和涡轮马达都已经成功用于欠平衡钻井作业（图 3.46）。

马达问题主要出现在采用钻柱气体注入和可压缩混合物驱动马达或涡轮的时候。气体将增加马达转速，但会降低其输出扭矩。多相流体将降低马达或涡轮的工作窗口。

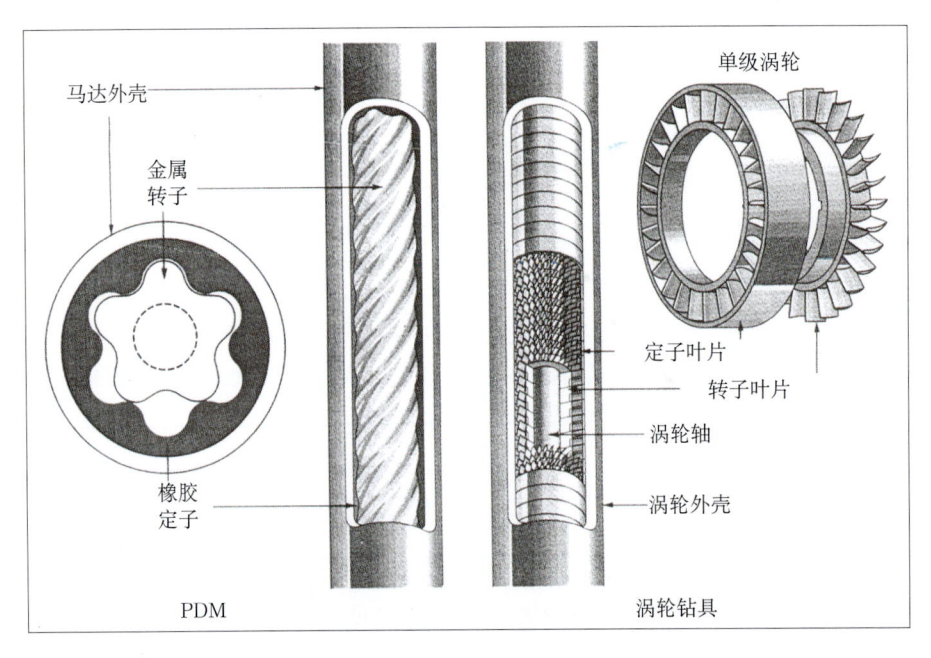

图 3.46　涡轮钻具和 PDM 差异

在可压缩流体中，马达的主要问题之一是探测马达失速的能力。在马达失速时泵入一种可压缩流体，压力升高将被气体的压缩性掩盖。一旦司钻注意到马达已经失速，他将上提马达离开井底。这常常导致气体压力从钻柱释放，结果超过了马达的最高排量并且引起马达失速，导致马达损坏。

PDM 马达易受流体影响，流体会侵蚀橡胶定子，引起变形和堵塞。高温也可能引起定子膨胀，使马达堵塞。因此，在选择马达时井底温度和流体类型都非常重要。

3.4　设备选择

我们要从欠平衡钻井作业的注入端开始选择设备，并通过地面设备经井口和分离系统到达燃烧火炬。

3.4.1　气体注入设备

欠平衡钻井的气体注入设备由不同部分组成。对于空气钻井，我们使用同样的压缩机和增压器，对于制氮系统，需要再增加一个制氮装置。

3.4.2　空气压缩机

欠平衡钻井中使用的主空气压缩机通常是冷却后直接驱动的两级螺旋压缩机（图 3.47）。多数压缩机在 300～350psi 压力下的最大空气流量是 900ft^3/min，在 1800r/min 的转速下，额定功率大约 380 BHP。

压缩机由柴油机提供动力，橇装。

必须考虑的是，海拔每升高 1000ft，压缩机的额定排量会降低 3%。

图 3.47　变 Quincy 空气压缩机

3.4.3 制氮系统

制氮装置是一个单一的集装箱化系统，随着压缩空气进入系统，在出口端产生氮气。像本书的 3.1.12.4 中所介绍的薄膜系统制氮装置一般可产生最大流量为 1500ft^3/min 的氮气。

膜性能一般描述为氮气纯度、操作温度和操作压力的函数。一般来说，产能将随着压力和温度的升高而增加。

制氮系统（NPU）包含所有处理供入到膜装置的空气所需的所有设备（图 3.48）。典型的设备包括：空气接收器，水气分离器，聚结物过滤器，碳过滤器和一个颗粒过滤器。正确操作和维护该过滤系统，可阻止含油水凝结物、气载微粒和管垢污染和／或堵塞膜纤维的开口。

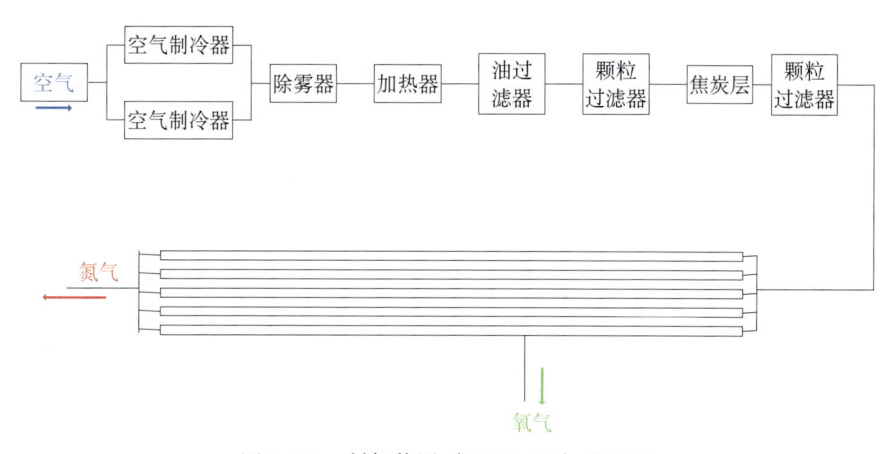

图 3.48　制氮装置（NPU1500）流程图

膜组件全部包括在符合 ASME 规范的圆柱压力容器中。

纯度保证

大多数制氮装置都装有两个纯度保证阀,其中的生产阀允许符合要求的氮气流入输出管线,而排放阀将放掉不符合要求的氮气。排放掉的气体中一般含有过多的氧气杂质,通过电子控制系统可将氧气杂质的上、下控制点输入处理器。

采用孔板流量计在装置内部进行流量计量。

制氮系统的生产效率一般为50%,这意味着如果要生产出流量为1500ft^3/min的氮气,需要将流量为3000ft^3/min的空气泵入氮气生产系统。一个能生产流量为1500ft^3/min氮气的氮气生产系统需要3到4台空气压缩机供应所需空气。在出口需要使用一台增压压缩机将氮气加压到所需的立管并注入。

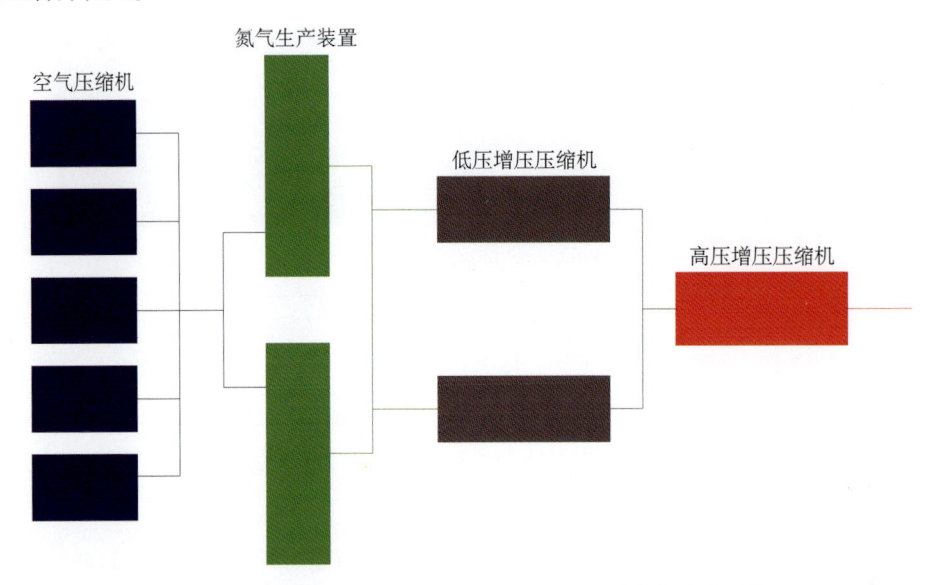

图3.49 压力4000psi,流量3000ft^3/min的氮气生产系统

图3.49所示的系统能产生压力达4000psi、流量为3000ft^3/min的氮气。

- 六台950ft^3/min的空气压缩机在350psi压力下应供应的空气流量为5700ft^3/min。
- 两台氮气生产装置在350psi压力下产生的氮气流量为2850ft^3/min。
- 低压增压机将压力从350psi增至1800psi。
- 最后高压增压机将压力从1800psi升至4000psi,然后进入立管。

该装置将占据井场很大空间,尤其在海上时。

氮气排量和压力要求必须作为欠平衡钻井作业计划过程中的一个必要部分。因为不仅必须了解设备要求,还必须计划设备占地空间和柴油供应(图3.50)。

3.4.4 增压压缩机

在欠平衡钻井作业中通常用到两种增压机:低压增压机和高压增压机。低压增压机可将制氮装置排出的氮气从压力165psi增压到大约1800psi。

图 3.50　安装在现场的流量为 3000ft³/min 的制氮系统

3.4.4.1 低压增压机

低压增压机通常由双汽缸的、一级或两级的、双作用的、往复式的、内部制冷和后制冷的 7 ½ in×5in 的增压器组成（图 3.51）。低压增压机可对入口压力为 165psi 的气体增压。

图 3.51　WB-12 型低压增压机（1800psi）

能被增压的氮气排量取决于增压压缩机的结构。排量越大，输出的最大压力越低。表 3.9 给出了排量和压力之间的关系。

表 3.9　低压增压机的排量和压力

装置	间隙	排量，ft³/min	输出压力，psi
单级	最小	3000	650
双级	最小	2150	1400
双级	最大	1550	1850

3.4.4.2 高压增压机

高压增压机通常由单缸的、双作用的、往复式的、后制冷的 2.75in×7in 的增压器组成（图

3.52)。高压增压机需要的入口压力为 1400psi,能增压到高达 4000psi 的压力。高压增压机的排量可能受限,这需要与设备提供商核实。

图 3.52　WB-11 型高压增压器（4000psi）

3.4.5　井控设备

安装在井口的常规防喷器组在欠平衡钻井中不应随便使用。在日常欠平衡钻井作业中绝对不能使用常规防喷器组,除紧急情况外也不得用于井控,这样才能保证该防喷器组可作为二级井控系统（图 3.53）。

旋转控制系统和带 ESD 阀的流动管线一般安装在常规防喷器的顶部,用于欠平衡井控。

在欠平衡钻井作业中,如果有必要,可在防喷器组下部安装额外的闸板,以满足作业需要。钻井压井管线和节流管线必须安装就位,以便进行常规压井作业。

建议所有的附加闸板都通过一个独立的 KOOMEY 系统来操作。

连续油管钻井：

连续油管钻井系统的井控是通过双橡胶芯子而不是旋转头进行的（图 3.54）。然而欠平衡钻井连续油管的安装必须考虑在压力下展开和回收连续油管的井下钻具组合。

3.4.6　旋转控制头

旋转控制系统的主要用途是钻进或起下钻作业中在钻杆周围提供一个有效的环空密封。环空密封必须适合于较大的压力范围以及不同设备和作业程序,旋转控制系统通过封隔钻杆周围能实现这一点。旋转控制头系统由容压壳体组成,容压壳体处的封隔元件由滚珠轴承支撑并通过机械密封隔离。

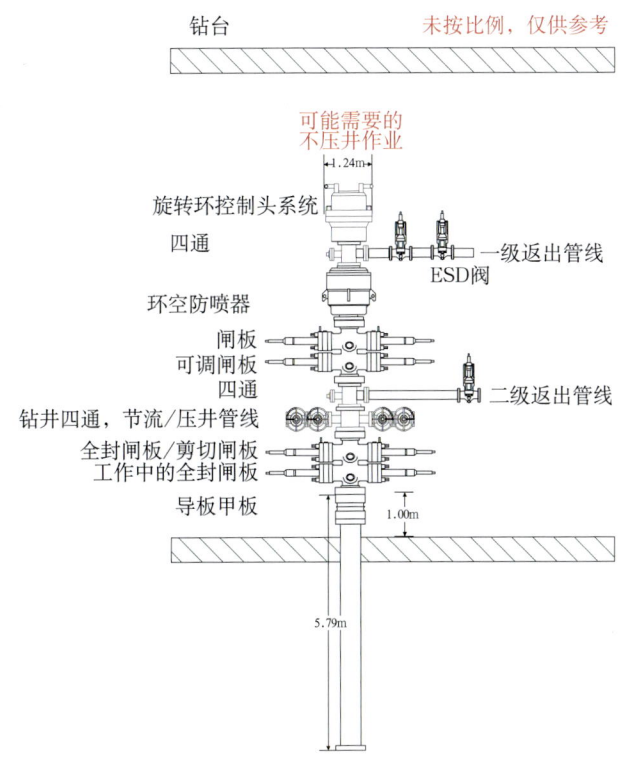

图 3.53　欠平衡钻井的典型防喷器组

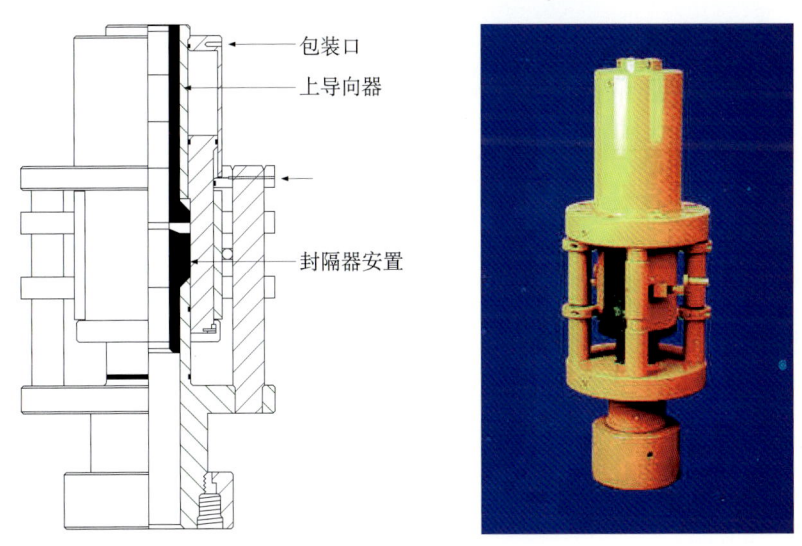

图 3.54　连续油管边门芯子

目前已知的有下面两种旋转控制头。

主动式旋转控制头：主动式旋转控制头采用外部水力压力启动密封装置，并且随着环空压力的增加，主动式旋转控制头的密封压力也随之增加。

被动式旋转控制头：被动式旋转控制头是在井筒压力的作用下进行机械密封的。

不论选用哪种地面防喷控制系统，关于可密封的压力值以及随着时间的延续，不同地层流体和气体的流动和组成引起的密封设备的老化方面，所有地面防喷器系统都有局限性。

对于每一次欠平衡钻井作业来说，正确选择旋转控制头的关键是对可能发生井况的周密考虑以及做好前期计划。需要周密考虑的井况内容如下：

- 预计排量；
- 预计压力；
- 通过导向系统的管旋转类型。

旋转控制头的选择标准主要是基于预计的静态压力和动态压力（图3.55）。

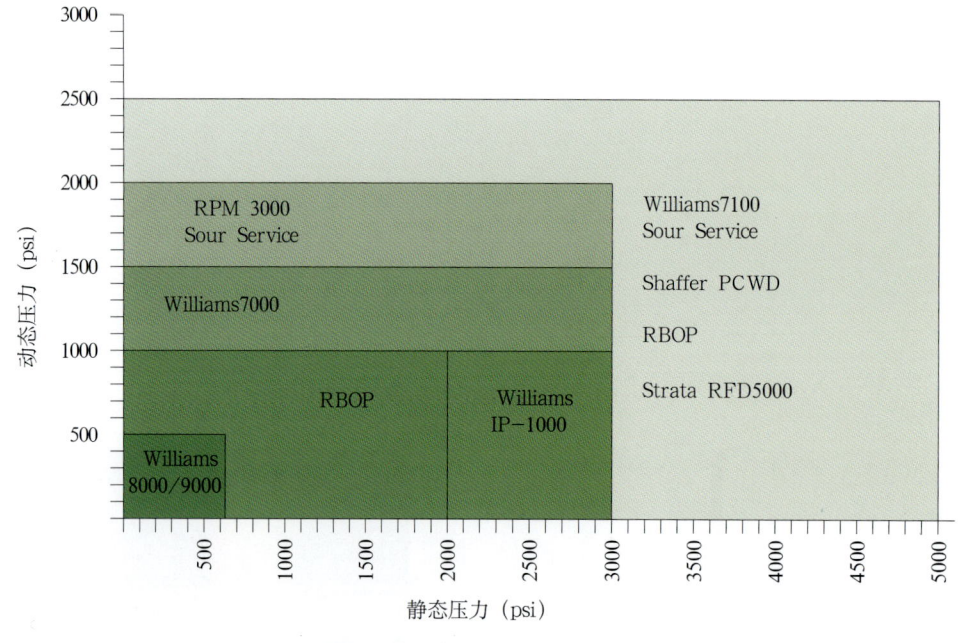

图 3.55　旋转控制头选择图表

API协会目前没有承认旋转控制头是防喷器的一种，他们从来没有将其作为防喷器设计时的首选。他们现在同意将旋转头归为导向器，但没有发布有关这些系统的任何文件和证书，尽管目前IADC/UBO委员会已经开始做这项工作。

目前有下面四类旋转设备适用于高压作业：

- Weatherford/RTI RBOP；
- Shaffer PCWD；
- Williams 7100；
- RBOP。

现有的旋转控制头在转速为200r/min或带压起下钻时的工作压力都是3000psi，最大静止工作压力为5000psi。最新一代的旋转控制头适用于顶驱和动力水龙头系统，而且还是很好的带压起下钻工具。

3.4.6.1 被动式旋转控制头

威廉姆斯类旋转控制头有很广泛的地面压力适用范围、井下条件和钻井条件（图3.56）。所有的威德福威廉姆斯系统都属于被动系统。

图3.56　各种威廉姆斯旋转控制头

3.4.6.2 主动式旋转控制头

Weatherford 公司可提供三种主动式旋转控制头（图3.57）。

3.4.6.3 Shaffer 随钻压力控制头（PCWD）

随钻压力控制头（PCWD）将水力电子系统与球形防喷器的特点结合在一起，使球形防喷器能够在承压状态下旋转（图3.58）。

随钻压力控制头的主要组件与常规环空防喷器十分相似，在静态情况下，PCWD可密闭5000psi压力，在转速200r/min的情况下可密闭2000psi的压力。

此装置允许在旋转过程中自身带压的情况下通过工具接头，并能在完全关闭空井眼的情况下维持额定工作压力的50%（2500psi）。

PCWD 的设计采用的是标准的 11in 球形环空防喷器并带有一个活塞，其结构与标准的环空防喷器相似。

弹出压力：1000psi　　　　弹出压力：1000psi　　　　弹出压力：2500psi
旋转压力：1500psi　　　　旋转压力：1500psi　　　　旋转压力：3500psi
静态压力：3000psi　　　　静态压力：3000psi　　　　静态压力：5000psi

RPM 3000　　　　　　　RBOP 2K　　　　　　　RBOP 5K
7inID　　　　　　　　　7inID　　　　　　　　　7inID

图 3.57　Weatherford 公司的三种主动式旋转控制头

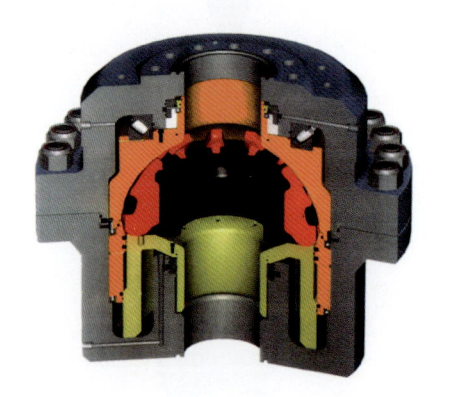

图 3.58　Shaffer PCWD 旋转控制头

3.4.6.4 RBOP 旋转控制头

第一种被人所知的主动式旋转控制头就是 RBOP（图 3.59）。它是首次开发出来的具有两级密封且密封上具有直接取决于井筒压力的主动压力控制系统。当主密封被磨坏时，备用密封将提供密封作用，直到更换主密封。

轴承的冷却由一个油冷系统实现。

在选择一个旋转控制系统时，下面各项要求很重要：

- 设计准则，预计排量，工作压力和温度。
- 设计标准和规范，包括机械和材料方面。
- 通道尺寸。
- 密封机理，是主动式还是被动式。
- 经证实的记录。

- 测试程序，包括强行起下钻和测试流体介质（气体和液体）。
- 产品认证。
- 经验。

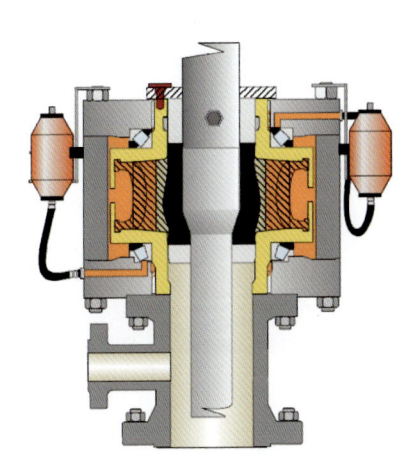

图 3.59　精密 RBOP 旋转控制头

为了延长 RCD 密封件的使用寿命，需要考虑以下因素。

最好使用顶驱，如果使用六方形方钻杆，其棱角必须光滑；使用 RCD 时不能使用四方钻杆。

钻杆必须光滑，不能有凹槽和钳牙痕迹。建议在实施欠平衡钻井之前进行钻柱检测。钻柱越光滑，密封胶芯的使用寿命就越长。应当将环形凹槽填平或消除。

最后，防喷器组必须与转盘对正，偏差不得大于 1/2in。

3.4.7　不压井起下钻系统

如果要在欠平衡条件下起下钻且没有安装井下套管阀，就必须在旋转控制头系统顶部安装不压井起下钻系统。

目前，用于欠平衡钻井的不压井起下钻系统称为钻台辅助不压井起下钻系统。这些设备需要钻机绞车起下钻杆，并且仅用它们来解决钻杆失重问题。

使用一台冲程 10ft 的起重机，可将管子下入井眼或起出井眼。

由于可以在钻台下面安装不压井起下钻设备，可使钻台按照常规钻井方式使用（图 3.60）。

对于陆上钻机来说，钻台下没有安装不压井起下钻设备的空间，不压井作业必须在钻台上进行。为便于进行不压井起下钻作业，可在钻台上安装所谓的"压—提"装置（图 3.61）。

此压—提装置的冲程为 10ft，最大工作能力为 50000lbf ❶，相当于在 1500psi 的地面压力下不压井起下带有 6 1/4 in 钻具接头的 5in 钻杆。

3.4.8　分离设备

在所有欠平衡钻井作业中，采用的分离系统必须适用于预计油气藏流体。分离系统必须设计为可处理预计的流入流体和气体，并且必须能从井筒返出流体中分离出钻井液，以便将其再次泵入井下。

---

❶ 1lbf=4.44822N。

图 3.60　在钻台下的不压井起下钻设备（Dolsnub 6）

图 3.61　钻机辅助压—提装置（摘自 Tesco）

欠平衡钻井中的地面分离系统可比作一个加工厂，并且具有加工厂的许多特点。通常将欠平衡钻井过程中的流体描述为四相流，因为从井眼返出的流体一般由以下四种成分组成：

(1) 油；
(2) 水；
(3) 气体；
(4) 固体。

分离设备遇到的挑战是如何将返出流体中的各相有效并且高效地分离，同时向井下回注清洁的钻井液。

最近出现了大量的分离方法，如图 3.62 所示。

采用哪种方法主要取决于预计的油气藏流体情况。通常采用第一种方法，但如果预计存在冲蚀问题，可首先清除固相。

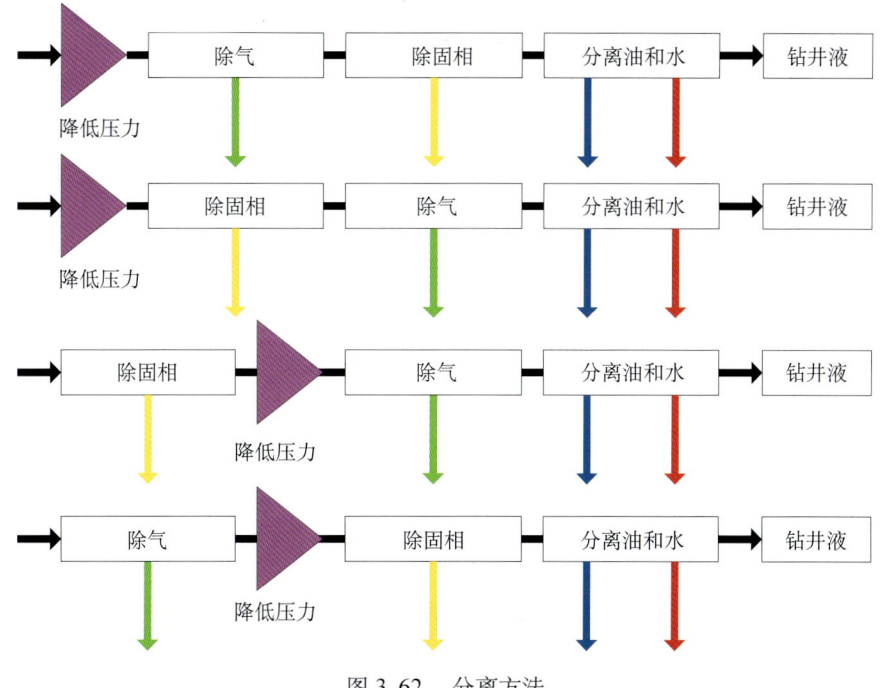

图 3.62　分离方法

在许多情况下，分离器是接收井眼返回流体的第一级处理设备。分离器的分类见表 3.10。

表 3.10　分离器分类

分类	工作压力
低压分离器	10 ~ 20psi，最高达 108 ~ 225psi
中压分离器	230 ~ 250psi，最高达 600 ~ 700psi
高压分离器	750 ~ 5000psi

液体和气体的分离是通过液体、气体和固体的密度差实现的。气体和固体从液体中分离出的速率是温度和压力的函数。

如果分离器只能从总流动相中分离出气体，将此类分离器称为两相分离器；如果分离器也能将液体流分离成原油和水，这样的分离器称为三相分离器。在欠平衡钻井中，四相分离这个术语用来指油、水、气体和固体的分离。

水平式分离器和立式分离器均常采用。当返出流体中主要是气体时，立式分离器效果较好，而水平分离器具有更高和更有效的液体分离能力。

3.4.9　水平式分离器

在水平式分离器中，井眼返出流体进入分离器并在减速挡板的作用下速度逐渐降低（图 3.63）。

固体主要在第一个分隔室沉降，通过固体转移泵排出。液体通过隔板进入第二个分隔室，进一步发生固相分离，液体也因密度差和滞留时间而开始分离。液体溢出进入第三个分隔室，完成分离。水和液态烃从第三个分隔室的不同高度的出口排出。

分离器应当安装足够尺寸的压力释放阀和紧急关闭阀,由高／低液面以及高和／或低压引发。

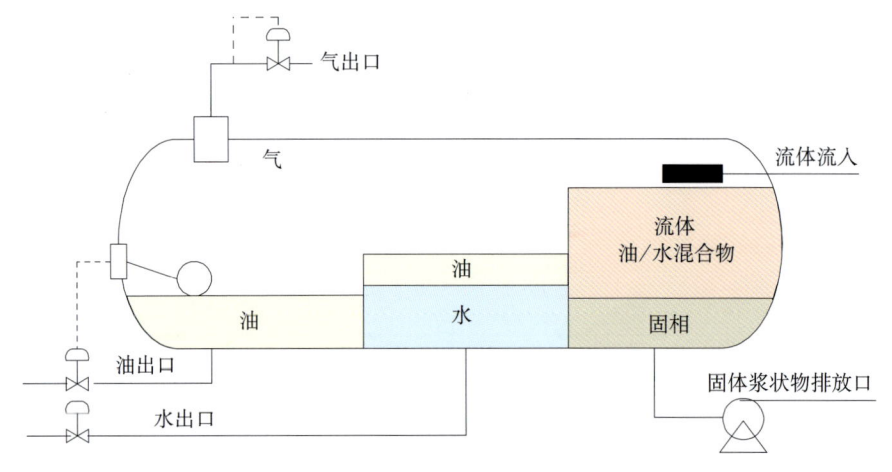

图 3.63 水平式分离器

3.4.10 立式分离器

在立式分离器中（图 3.64），固相主要沉降到容器底部并被排出。剩下的液体和气体由于存在密度差而发生分离，气体在顶部，油在中部，水在固体上部。水和液态烃从容器的不同高度的出口排出。

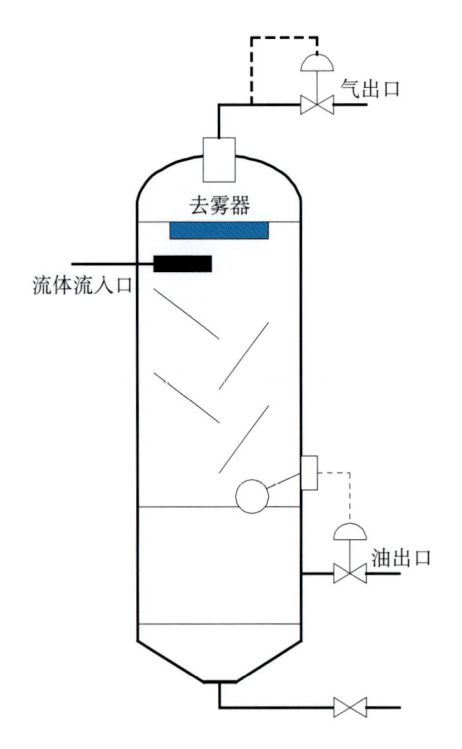

图 3.64 立式分离器

立式分离器的优点是占用空间小，气体处理能力较强。

一台分离器必须具有以下能力。

- 从气体中去除大量液体；
- 从液体中去除大量固体；
- 从水中分离出油；
- 有足够的能力处理从井中返出流体的波动；
- 足够长或高，能使小液滴通过重力进行沉降；
- 可减少分离器主体内的紊流，以便于沉降；
- 具有除雾器，以捕捉夹带的液滴，或那些太小而不能通过重力进行沉降的液滴；
- 合适的回压和液面控制。

一台分离器从油中去除气的效率取决于原油的物理和化学特征、分离器工作压力和温度、流量以及分离器的尺寸和结构。分离器的流量和液体高度决定了液体的滞留或沉降时间。

3.4.11 欠平衡钻井的节流管汇

节流阀、节流管汇和立管管汇均是进行欠平衡钻井作业的重要设备，它们的主要作用是全面改善与欠平衡钻井有关的安全问题。

节流管汇应能够处理井的最大预计流量（最小为 4in 管时），装有双节流阀（一个为液压控制，另一个为手动控制），并且能够使其中的一个阀处于工作中，而另一个阀处于待命状态（图 3.65）。

图 3.65 欠平衡钻井的节流管汇

如果在地面没有合适的管道和流量控制，环空内的和注入的流体可能对整个地面控制系统构成危害。

欠平衡钻井涉及的所有节流管汇应当设计为能够适应流量、压力、温度以及可能来自井内返出钻井液、气体和固体的冲蚀和腐蚀。

用于欠平衡钻井的节流管汇是独立于标准钻井节流管汇的,两种管汇彼此保持完全独立。

3.4.12 数据采集

欠平衡钻井的数据采集系统应当提供尽可能多的信息,这样不仅可以确保将钻井作业维持在所需的安全和效率范围内,也为了在钻井的同时从油气藏中获得尽可能多的信息。一个功能好的数据系统可以在钻井过程中进行地层分析,当然,增加对油气藏的认识是欠平衡钻井的主要收获之一。

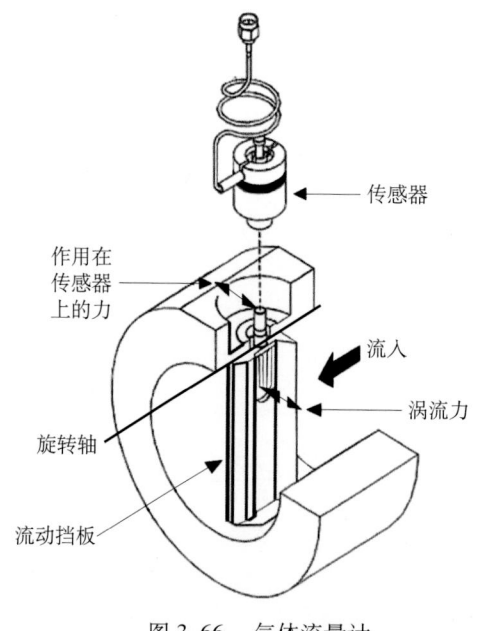

图 3.66　气体流量计

然而,数据采集的安全性不应当被忽视,因为井控和地面压力与流速直接相关。

必须将数据采集系统设计成能够从欠平衡钻井过程中获取所有需要的数据,也必须能够在进行欠平衡钻井的同时分析钻井和油藏数据。气体流量计是常见的数据采集设备(图 3.66)。

数据采集系统记录数据,油气藏工程师和地质师对这些数据进行的分析可深入了解油气藏和钻井过程,并且可以优化今后的钻井过程。

通常欠平衡钻井过程中可提供若干标准曲线,见表 3.11。

3.4.13 火炬

当欠平衡钻井过程中产生碳氢化合物时,必须将它们在井场就地处理掉。天然气通常直接燃烧掉,而原油和凝析油则被储存起来,然后泵入处理设施。

在环境法规不允许点火燃烧的地方,对气体进行压缩并注入管道可作为一种替代燃烧的方法。

可在燃烧坑中或通过燃烧火炬将产出的天然气燃烧掉(图 3.67,图 3.68)。燃烧坑和燃烧火炬应当装有一个自动点火系统和火焰传播阻挡装置。

表 3.11　欠平衡钻井过程提供的标准曲线

相关参数	标准曲线
按时间： 油气藏压力 立管压力 井底环空压力 井口压力 液体流入流速 氮气流入流速	提供压力和流速比较曲线
按时间： 油气藏压力 井底环空压力 井口压力 液体流入流速 液体流出流速 氮气流入流速 天然气流出流速	为流动模型提供校正曲线
按时间： 液体流入流速 液体流出流速 氮气流入流速 天然气流出流速 累计流出液体量 累计流出气体量	提供油气藏流入流量曲线
按测量井深： 油气藏压力 井底环空压力 井口压力 液体流出流速 天然气流出流速	提供油气藏生产指数数据与测量井深之间的关系曲线
按垂直井深： 液体流入流速 液体流出流速 氮气流入流速 天然气流出流速 累计流出液体量 累计流出气体量	提供油气藏生产指数数据与垂直井深之间的关系曲线

出于安全因素，应当对地面设备布置进行充分考虑，避免井队员工与有害烟雾、辐射的热量、噪声和可燃液体进行不必要的接触。

设备布置时应使井口与所有的外部燃烧源之间保持足够的间距。间距标准必须满足适用的法规或作业规范。燃烧火炬和燃烧坑应当总是位于该地区盛行风的下风头。

在设计阶段，应确定人和设备的实际最大可接受辐射水平，确保安装实用而经济的燃烧系统。燃烧器的内部结构见图3.69。

为了减少可能的热辐射量，在海上采用了热屏蔽或典型的喷水系统，以保持安全和可操作条件。即使采用水帘阻止火焰和热辐射传播，也有必要知道能够穿透水帘的热辐射量。对于陆上系统，热辐射研究可确定燃烧火炬所需的高度。目前也出现了一些不见火焰的燃烧系统。

图 3.67　火炬塔顶　　　　　　图 3.68　燃烧中的天然气

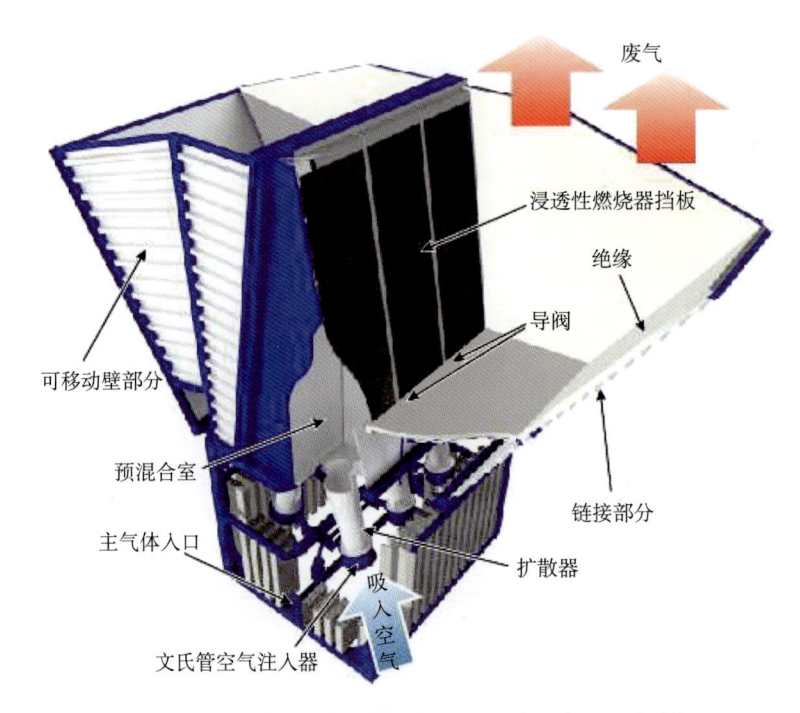

图 3.69　燃烧器内部结构（经 FG 工程服务 BV 允许）

3.5　井控策略

在欠平衡钻井过程中区分压井和井控很重要。在欠平衡钻井中，通过调整井底压力和地面压力来实现流动控制，进而保持井的产量在安全且可接受的作业区间内。

然而，本书中的压井实际上就是注入高密度压井钻井液并使井内恢复到过平衡状态。在欠平衡钻井中，一般只在以下情况时才实施压井：作业控制已经超过预先设定的安全和可接受的限度导致设备或人员的安全受到威胁时，或者当设备失效需要进行压井井控时。

在欠平衡钻井中，井必须按 100% 的欠平衡条件设计。这意味着井筒内从井底到地面必须都能够容纳油气藏流体。

3.5.1 压井策略

欠平衡钻井采用的压井策略就是隔离井眼并恢复常规的过平衡作业。

出现下述情况必须进行压井：

- 在人身安全或者设备的安全受到威胁时；
- 长时间不能维持欠平衡流动控制时；
- 在专门的欠平衡钻井设备失效，而恢复钻井的唯一途径是回复到过平衡状态时。

出现以下情况压井可能是必要的：

- 钻柱完整性受到损伤时；
- 单向阀和意外事故 DISV（降压安全阀）系统失效时；
- 套管完整性受到损伤时；
- 当紧急／安全关闭系统失效时；
- 出现井下问题或者需要进行复杂的打捞作业时。

上面所举情况并不是很详尽，可能在其他情况下也需要压井。所有这些情况都应在欠平衡作业的 HAZOP 和 HAZID 文件中说明。

3.5.2 井控

从储层到井眼的流动受到很多因素控制，例如：生产压差、渗透率、储层暴露于井眼的长度和油气藏的生产指数。在欠平衡钻井中通过将生产压差维持在预先设定的范围内来控制油气藏，这个设定范围要与油气藏生产指数和地面分离设备的能力相一致。

在欠平衡钻井作业时，在欠平衡阶段开始之前需要编写一个流量控制表（表3.12）。这是一个流动控制措施概要，是储层气体流入速率与井口压力的函数。

表 3.12 欠平衡流量控制表

流量	0～1250psi	1250～2250psi	>2250psi
0～5×10⁶ft³/d	可控制	调整系统井底压力	用防喷器关井
(5～10)×10⁶ft³/d	调整系统井底压力	调整系统井底压力	用防喷器关井
>10×10⁶ft³/d	用防喷器关井	用防喷器关井	用防喷器关井

（地表压力对于 Williams 7100 旋转控制头）

压力：

范围 1 为 50% 的 RCD 动态额定值。

范围 2 为 50%～90% 的 RCD 动态额定值。

地面排量：

范围 1 为分离系统处理能力的 60% 或冲蚀上限。

范围 2 为分离系统处理能力的 60%～90% 或冲蚀上限（冲蚀速率一般按 180 ft/min）。

一旦地面排量和压力基线趋势建立起来，对于返回流体、环空井底压力值或立管压力的任何变化或与基线的任何偏离，都应与其他地面数据结合进行研究。如果需要进行井控，应确定必需的作业程序。

根据观察的变化和其他可用信息，有三个可能的措施，采用交通灯颜色可使上表更易理解：

- 连续欠平衡钻井用正常绿灯来表示；
- 按照流量控制表执行相应的程序；
- 停止钻井并用防喷器关井。

防喷器关井只在井口压力将要超过欠平衡钻井地表设备额定压力，或者在井内流体产量过高，超过地面分离设备的安全操作极限，节流管汇控制无效时才能作为最后的方法采用。当井产量高于预计产量时，应首先考虑通过降低生产压差来降低井产量。

在欠平衡钻井设计时也应考虑下列井控问题：

- 井控原理。
- 是否需要不压井作业系统。
- 井控设备的额定压力与油层产能和预计的井口压力比较。
- 含硫作业要求——是否会钻遇含硫气体？一个明智的方法就是设计欠平衡钻井程序来处理这种突发事件。
- 防喷器密封件的磨损检查制度和程序，以及与储层流体流动和控制相关的管线。
- 如果 RBOP 密封件磨损，如何更换？钻机上装有哪些备用系统可处理这种情况？
- BOP 系统作业需求——确保 BOP 的闸板和密封件可以进行气体作业，能够在所需时间段内处理欠平衡钻井中预计的气体量。
- 水合物预防措施。
- 井控需要哪些备用设备？例如，单向阀（NRV）的密封垫和接头以及关键井控设备的更换部件。

不压井作业要求确定不压井作业过程中对井口施加的压缩载荷大小。在钻井平台上，了解钻井平台能否承受这个附加负载是很重要的。

总之，在欠平衡钻井中需要时刻牢记，流量控制是控制储层流体流入的手段而不是压力控制。

3.5.3 冲蚀

尽管冲蚀不是井控直接涉及的问题，但必须考虑欠平衡钻井时地面和井下设备可能受到的冲蚀。冲蚀监控和预测对于安全作业是非常必要的。我们必须把冲蚀管理和冲蚀监控体系作为地面和井下设计中的一部分进行考虑。

API 推荐作法中的 RP14 规定了石油行业中用来控制冲蚀的流速极限。然而这些流速指标存在的不足之处是采油作业中的固体含量要比欠平衡钻井作业中的固体含量小得多。必须在设计过程中考虑地面管道的冲蚀，而在高产气井的欠平衡钻井作业中这部分成本很高。一般来说，应在必要处采用专门的防冲蚀弯头，而且应该设计快速更换的方法，以便于对其进行观察和更换。

防冲蚀设计时要确保管道和设备的壁厚大于所需的最小值，以防止发生泄漏以及由此而引发的管道破裂事故。

现场经验表明，当流速超过冲蚀速率时，在预计大量出砂／固体的地层，很可能出现冲蚀问题。为了避免潜在的冲蚀问题，应限制井的产量，确保流速降低到 API 推荐作法 RP14E 中推荐的最大流速值（约为 150ft/s）以下。

所有设备的壁厚至少每年检查一次，而且当设备从有腐蚀、磨蚀和／或冲蚀工况的工作场所返回时也必须进行检查。

3.5.4 腐蚀管理

任何欠平衡钻井项目的目标都应包括降低或者控制腐蚀。这最初通过设定钻柱腐蚀速率目标值来定义，通过腐蚀挂片试验测定每年金属损失或者溶解的毫米数（mm/a）。不同公司所允许的腐蚀速率不同，如果一个公司没有预定标准，可参考表 3.13。

表 3.13　供参考的腐蚀速率指标值

温度（℃）	流动速率（m/s）	腐蚀速率（mm/a）指标值
	<1	
<60	1～5	<10
60～120	5～20	10～50
>120	>20	～50

有一些信息可以大大提高腐蚀管理程序的效率。通过分析下列因素可以识别腐蚀机理：

a. 储层流体类型和化学性质；

b. 井底温度；

c. 井底压力；

d. 酸气（H_2S 或者 CO_2）浓度；

e. 流体电导率；

f. 流体流动速率。

在所有的欠平衡钻井过程中，应进行全面的腐蚀监控和化学处理。腐蚀控制的目的是使管道和设备保持在一个特定的腐蚀速率以下，并且通过 API 认可的钻杆腐蚀环试验测定。

经常使用下面两种监控装置：

- 钻杆腐蚀环；
- 电阻探针。

3.5.4.1 钻杆腐蚀环

应该在钻铤上部第一接点的接头处放一个腐蚀环，另一个腐蚀环应该放置在接近地面的顶驱保护接头处（图 3.70）。腐蚀环应该与流体接触 40h 以上，一般的接触时间在 100h 左右。

图 3.70 钻杆腐蚀环

3.5.4.2 电腐蚀监控探针

如果使用电腐蚀探针，应在欠平衡钻井作业开始之前把两个探针安装在下面的位置（图 3.71）：

- 流体和气体混合后的立管管汇处；
- 一级分离系统的入口处。

图 3.71　电腐蚀测量系统

3.5.4.3 氧气

氧气是最常见的腐蚀剂，在腐蚀监测和控制方案中最重要。在潮湿环境下，氧气会导致钢铁生锈，这是腐蚀最常见的形式。

因为氧气能溶于水，致使钻杆持续暴露于潜在的苛刻环境中。膜分离氮气系统产生的惰性气体中氧气浓度在 3%～8% 之间，尽管这没有压缩空气中氧气浓度 20% 那么高，但如果不妥善处理将会导致无法接受的腐蚀速率。

通过加入更多化学剂，即使当氧气浓度达到 9% 时，腐蚀速率仍可以得到控制。氧气浓度是膜滞留时间的函数，流动速率越高氧气浓度就越高。

如可能，氮气系统中氧气的平均浓度不应超过 5%。如果采用了膜分离氮气，应该由作业人员定期监控氧气传感器，并把浓度记录到早间作业报告中。

一定要考虑使用缓蚀剂，甚至在油基欠平衡钻井泥浆体系中。如果决定使用缓蚀剂，现场腐蚀工程师或技术员可监控化学缓蚀程序的效果。

3.5.5 缓蚀剂类型

根据功能可以将防腐化学剂分为几类。阳离子型缓蚀剂能够在管道表面形成一层膜，这层膜可以切断电解质中腐蚀电池的回路。典型的阳离子缓蚀剂为成膜胺。

另一种缓蚀剂被称作阳极缓蚀剂，这是因为它们能抑制腐蚀电池的阴极。这类缓蚀剂是阴离子型的，能与管道的阴极区域反应中和，从而能有效地控制腐蚀。

在欠平衡钻井液体系中阳极缓蚀剂是最有效的缓蚀剂。由于它们是阴离子型的，与起泡剂有较好的相容性，而且在存在溶解氧的条件下使用效果极佳。

阳离子型成膜胺缓蚀剂与起泡剂不相容，当存在溶解氧时使用效果不好。这是因为单氧原子能够穿透管壁上的胺膜，导致管壁发生严重的点腐蚀。

3.6　人员选择

欠平衡钻井作业人员的选择通常由服务公司（承包商）自行决定。欠平衡钻井作业人员的能力是非常重要的，选用有能力和有经验的作业人员对于欠平衡钻井作业的顺利进行是至关重要的。

通常情况下大型欠平衡钻井作业需要下列几类人员（表3.14）。

表3.14　大型欠平衡钻井作业需要人员

类　别	日　班	夜　班
管理	1名欠平衡钻井监督	1名欠平衡钻井监督
工程	1名欠平衡钻井工程师	1名欠平衡钻井工程师
分离	1名分离器监督	1名分离器监督
	2名分离器操作员	2名分离器操作员
RCD/DDV	1名RCD/DDV操作员	1名RCD/DDV操作员
数据	1名数据采集（DAQ）操作员	1名数据采集（DAQ）操作员
压缩	1名压缩机监督	1名压缩机监督
	1名压缩机操作员	1名压缩机操作员
	1名氮气专业人员	1名氮气专业人员
	1名机修工	1名机修工
总计	11	11

从表3.14可知在整个欠平衡钻井作业中总共需要22人。但是，有时欠平衡钻井工程师和欠平衡钻井监督可以是一个人，这样总人数可以减少至20人。

欠平衡钻井作业有时还需要一些其他方面的专家，如腐蚀工程师或不压井作业人员，这些都可能增加对居住场所的需求，在海上作业中尤其要考虑这一点。

3.7 培训和资格

对欠平衡钻井钻井平台上的作业人员进行培训对于安全作业至关重要。在欠平衡钻井作业中会涉及很多相互关联的各种服务和人员，因此培训变得更为重要。必须在作业开始前对全体人员的培训、能力和PPE（劳动保护用具）要求进行评估。

作业者和服务公司都必须有资格评定体系，确保现场所有人员都是合格的。必须在不同的油公司／承包商的合作模式中对应达到的标准以及如何进行能力评价进行说明。

要求下列人员必须符合欠平衡钻井典型资格标准：

- 现场监督；
- 钻井队长；
- 司钻；
- 副司钻；
- 井架工；
- 欠平衡钻井监督；
- 欠平衡钻井工程师；
- 分离和压缩设备监督；
- 钻井工程协调员；
- 不压井作业工程师；

- 不压井作业监督；
- 注气监督；
- 地面分离监督。

无论是现场培训、场外培训还是两者兼有，欠平衡钻井作业培训的成本都较高。培训方案可以是针对一个专门地区或某一口井的，为了将成本降到最低培训必须有针对性。培训是必须的。

责任心要求我们确保只有经过培训的合格人员才能在欠平衡钻井现场工作，并确保正在接受培训的人员由合格人员正确监督。

虽然世界范围内基于能力的培训手段存在差异，但目的都是要培养合格员工。这就需要一个体系来制定标准，确定某项工作或任务需要哪些能力，如何对有能力的人员进行培训以满足这些标准，以及如何进行能力评价。

基于上述目的，IADC 批准了 UBO 钻井设备认可系统以及欠平衡 WellCAP 课程，它们强调了不同于常规钻井作业的各种设备和程序中的流体控制。欠平衡 WellCAP 课程旨在培训井场监督，用来确保常规井控思路和程序不会影响欠平衡钻井的目标。

3.8 作业程序

欠平衡钻井的作业程序一般分为下面五类：
(1) 作业前和作业后程序；
(2) 作业程序；
(3) 设备程序；
(4) 应急程序；
(5) 管理程序。

作业前程序包括运输、钻机安装、测试和试运行过程。作业后程序包括钻机拆卸和作业完毕后检查程序。

3.8.1 作业前和作业后程序

作业前和作业后程序包括：

- 设备装载和卸载；
- 设备运输；
- 系统冲洗；
- 压力试验；
- 标记；
- 欠平衡钻井设备的位置确定；
- 欠平衡钻井设备的安装；
- 拆卸钻井设备后的检查；
- 欠平衡钻井设备的拆卸；
- 流体系统试运行；

- ESD 测试；
- 氮气注入管线测试。

3.8.2 作业程序

作业程序应包括：

- 单向阀压力试验；
- 单向阀泄压；
- 井底钻具组合的装配和下井；
- 井底钻具组合的起出、拆卸和下放；
- 接单根；
- 可用钢丝绳回收的阀作业；
- 欠平衡作业启动；
- 欠平衡钻进；
- 无线电通信；
- 油库管理；
- 产出油的输出；
- 固相的处理和取样；
- 起下钻。

3.8.3 应急程序

应急程序包括：

- 硬顶式压井作业；
- BOP 下游设备故障；
- 钻机 BOP 故障；
- 钻井液循环系统故障；
- 气体流失或钻井设备动力故障；
- 钻柱故障；
- 浮阀（NRV）故障；
- 钻杆冲蚀；
- 钻头或钻柱堵塞；
- ESD 故障；
- 流体控制事故；
- 制氮系统故障。

3.8.4 设备程序

设备程序应包括：

- 增压机的启动和作业；

- 压缩机的启动和作业；
- 氮气装置的启动和作业；
- RCD 胶芯的更换；
- 管线加热炉作业；
- 火炬塔作业；
- RCD 作业；
- 燃料供给系统。

3.9 欠平衡井的完井

大多数早期欠平衡钻井不能在欠平衡条件下完井，而是在下尾管或完井之前采用过平衡压井液压井。一些类型的完井液，可能会对地层造成伤害。完井液盐水对地层的伤害尽管不如钻井泥浆严重，但是在完井之后，它仍会使欠平衡井的产量大大减小。

如果欠平衡钻井的目的是改善储层，那么确保不使储层暴露于非储层流体引起的过平衡压力下是最重要的。

如果是因为钻进问题而进行欠平衡钻井，而且产量不受影响，那么就可以采用常规方法压井和完井。

下面是一些可用于欠平衡钻井的完井方法：
- 衬管与射孔完井；
- 割缝衬管完井；
- 筛管完井；
- 裸眼完井。

上面任何一种方法都可用于欠平衡钻井。如果要保持储层产量，那么欠平衡钻井中不推荐使用下尾管和固井。尽管在某些情况下使用泡沫水泥能起一定作用，但是一般来说不可能在欠平衡条件下固井。在欠平衡作业开始之前必须对欠平衡钻井的完井要求进行评估和分析，并将其作为可行性研究的一部分。

无论油气藏需要什么样的完井方式，在设计过程中必须仔细研究完井过程，以确保在整个完井过程中保持欠平衡状态。

若使用封隔器完井，应将采油封隔器和尾管下入，并通过尾管上的隔离塞把它们固定到钻杆上。如果井保持欠平衡状态，那么一般要求克服井眼压力将生产用封隔器和尾管强行下入。

如果在单井眼欠平衡钻井中使用尾管回接法完井，那么我们必须考虑使用浮箍来维持井控。

3.9.1 强行下入作业

在完井中由于井眼压力的向上作用，钻具的重力将小于这个向上的顶力，这意味着需要一个不压井作业系统将封隔器组合下入井中。在欠平衡系统中，井眼流体可经地面分离器流出，这优越于常规的强行下入作业，因为生产井的地面压力通常低于关井压力。

在强行下入作业中，绝不能随意使用常规井控防喷器组，除了常规钻井防喷器外还必须使用专门不压井作业防喷器和旋转控制头。

井下套管阀的使用可大大简化完井设备的安装。

下入割缝筛管所用的井下隔离的机械方法非常少。Baker公司的欠平衡筛管桥堵系统（ULBP）是目前市场上为之甚少的机械系统之一。该系统可以将一个可回收的隔离塞装到最内一层套管内。回收工具附在割缝筛管的底部可使隔离塞解封、离位，然后收回隔离塞或封隔器。该回收工具的"吞噬"行为确保了隔离塞和收回工具的刚性，并且在裸眼井段不被阻卡，一直下到井底。封隔器和可回收工具都设计成通过筛管解封。

当钻柱被旋转分流器封住时，如有必要，可以通过防喷管将隔离塞以上注满压井液，并通过割缝筛管顶替。

图3.72概括说明了割缝筛管下入和欠平衡完井的过程。

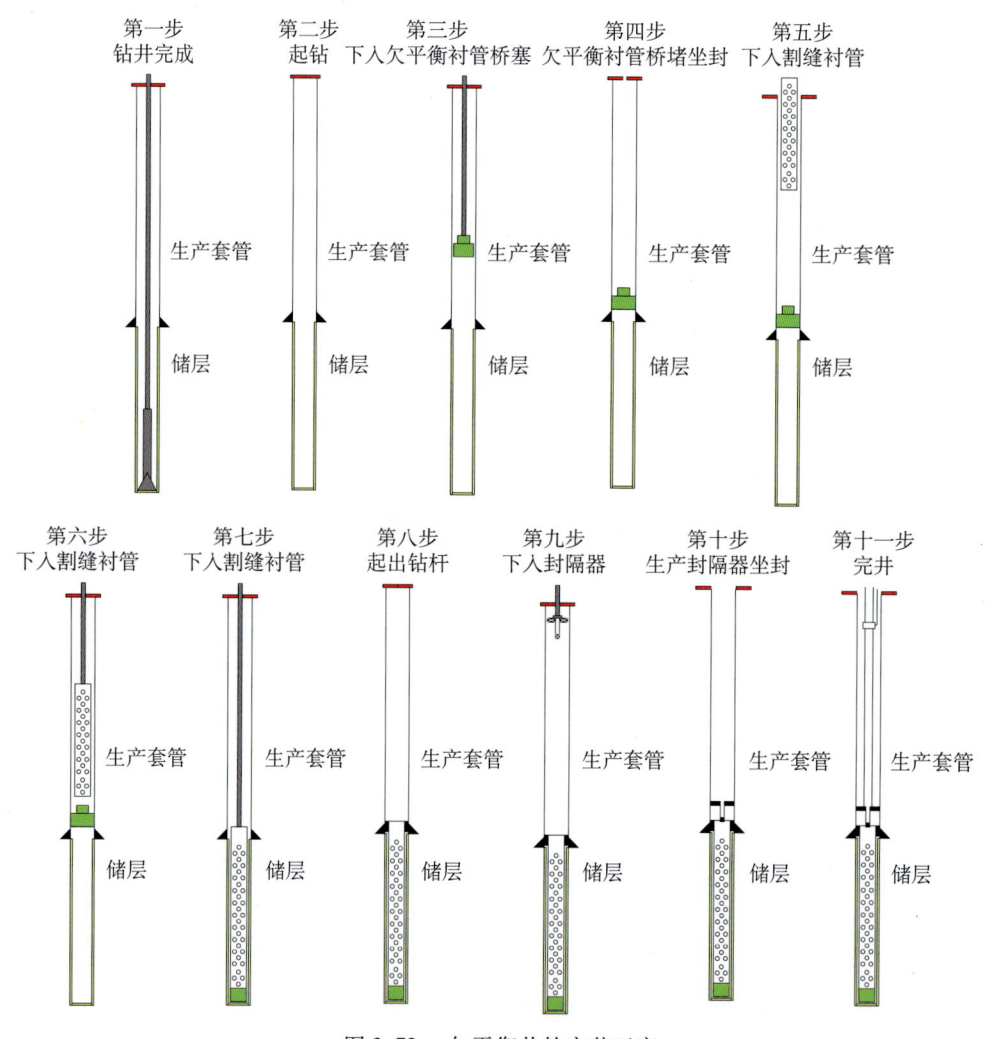

图 3.72　欠平衡井的完井工序

在含气油井完井中，主要问题是井下安全阀（SSSV）控制线的安装。一旦连接上控制线，防喷器（BOP）就不能在钻杆周围密封。再次指出，最简单的方法是在完井之前隔离储层。

在完井中，生产用封隔器（尾管处装有隔离塞）强行下入井底，封隔器安装在钻杆上。利用不压井作业装置或井下套管阀，通过防喷管将封隔器送入井下。

一旦生产用封隔器安装好后，可以通过钻杆泵入完井液，这是一个额外的屏障，如有必要，可对该屏障进行监控。此时可以按照常规完井方法进行作业。在油井的试生产中，将回收尾管隔离塞。在上提隔离塞之前应该把完井液从完井管柱中替换出来，可通过连续油管或滑套完成。在完井作业完成后，油井就可以投产了。在欠平衡钻井作业井中，不需要进行洗井和增产措施。

3.9.2 欠平衡井的修井作业

修井过程是完井的逆过程，即：在生产封隔器尾管上安装悬浮塞，然后压井。在完井装置起出之后，把封隔器起出工具下至封隔器位置，在取出封隔器之前，井眼恢复到欠平衡状态。这确保了容易损害地层的压井液无论何时都不会与储层接触。

如果为了改进产能而实施了欠平衡钻井和完井，那么在整个井眼生产期内要维持欠平衡状态。这也包括以后的修井和其他相关作业。

3.9.3 多底井的欠平衡完井作业

用机械塞安装生产封隔器的方法使得多底井在钻上部第二个分支的同时，下部的分支被隔离并维持欠平衡状态。在第二个分支下入尾管之后可进行完井，可安装第二个封隔器并使之插入下部的封隔器。如果需要将分支相互隔离，那么可以在连接处安装一个滑套，来实现要求的选择性增产措施和投产。利用选择系统可以再次进入两个分支。然而，对于多底井系统具体要求的更多细节需要进行仔细研究。

在主井眼产出油气的同时，可进行多底井欠平衡钻进，但生产压差应当较低。如果主井眼产能高，则很难对侧向井眼进行洗井作业。使侧向井眼中没有充足流体能够把液相和固相举升到地面上。

多底井中的流动模拟也将是一个棘手的难题。在欠平衡钻井之前需要对侧向井眼和主井眼进行仔细分析，尤其是当小侧向井眼需要很大的生产压差时，对高产能储层的控制就更加困难。

3.10 井下作业

在井下作业方面，应让作业者参与审核数据采集与地层评价需求，包括在欠平衡钻井的同时进行的测井、取心、地震勘测等作业。只要欠平衡钻井项目中的要求和程序都确定之后，我们就可以获得大部分的测井、取心及其他所需要的数据。

3.10.1 岩屑

不管欠平衡钻井作业中使用何种钻井液体系，都可以通过分析返回地面的岩屑对它们所在深度的地层和地质特征进行描述。

3.10.2 气体

气测系统可以检测循环钻井液中气体的体积和气体中的 $C_1 \sim C_5$ 成分。在井眼设计阶段必须确定需要在循环钻井液中得到的岩屑和气体样本，确保所需的地面设备和技术人员到位。在分离系统或燃烧系统中可以提取气体样品，但在这两个系统中必须安装合适的安全装置。

3.10.3 电测井

在欠平衡钻井中，我们可以按照常规测井程序设计电测井程序。需要考虑的是测井过程中的井控问题。使用电缆防喷管可进行电缆测井作业，而钻杆传送测井更加复杂，因为这个过程中需要控制钻杆和环空，此时使用旁通接头和旋转控制头都不起作用。如果需要使用钻杆传送测井，应该考虑使用存储记忆工具。

在欠平衡钻井作业中使用的是导电性很弱的流体，所以测井类型限制在感应电测、γ 射线、中子和井径测井等。

3.10.4 取心

在欠平衡钻井中可以实现取心作业，但是需要下面的特殊工具和技术确保取心能够进行。

- 投球密封取心筒；
- 可能在压力下回收取心筒；
- 在取心筒上方安装单向阀。

3.11 工艺流程图

与欠平衡钻井有关的图纸很多，下面列出了一些常用的图纸：

(1) 欠平衡钻井防喷器组；
(2) 压缩、分离装置管线及仪表图；
(3) 压缩装置管线及仪表图；
(4) 分离装置管线及仪表图；
(5) 油气输出泵管线及仪表图；
(6) 阀识别系统管线及仪表图；
(7) 危险区域图（噪声、火灾及爆炸）；
(8) 防火、呼吸面具、气体传感器及警报器位置；
(9) 逃生路线和紧急关井（ESD）站；
(10) 紧急关井线路；
(11) 欠平衡钻井（UBS）系统水、电、气供应；
(12) 设备放置次序；
(13) 钻井设备和现场布置；
(14) 工艺流程图；
(15) 一级勘查路线；
(16) 二级勘查路线（酸井）；
(17) 接地；
(18) 照明及紧急照明。

图纸应进行编号并标明日期和序号，因为在欠平衡钻井的准备阶段，需要对这些图纸进行多次审核。

图纸必须通过正式批准后才能使用，而且在开工之前必须对所有图纸与实际情况进行对比审查。在图纸上必须清楚标明符号和图例。为方便必要的现场复印，图中应避免使用彩色。

3.12 钻机与工区布置

图 3.73 给出了一个包括周边区域在内的钻机／工区布置实例。

在大多数场地布置图中，一般要标示出所有设备装置和进出路线。

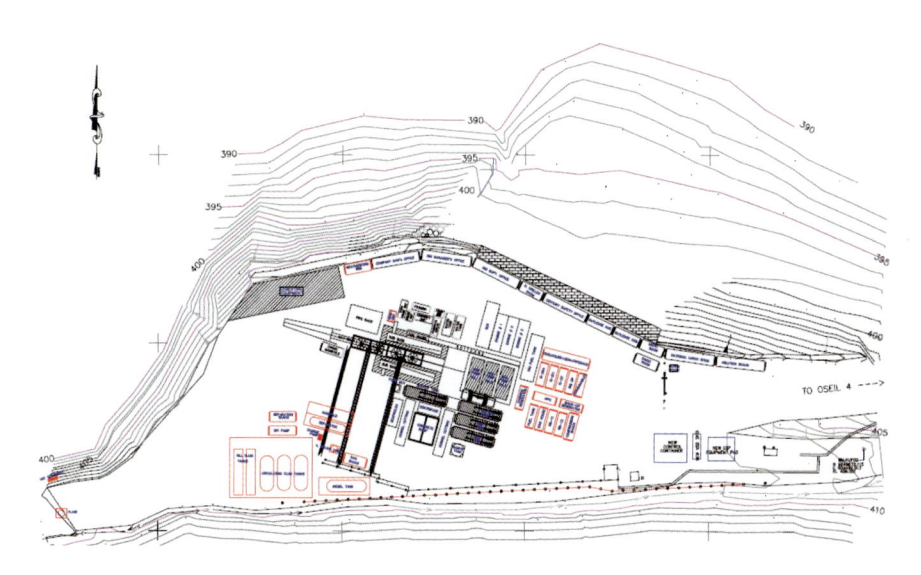

图 3.73 钻机与工区布置图

3.13 健康、安全和环境规划

在钻井和测试过程中，许多作业都可能对工作人员的健康、安全和环境，以及所使用的设备或装置具有负面影响。只要引入不同于常规作业的作业方案，都可能引起更多的健康、安全、环境问题，例如在钻井现场降低压头或进行欠平衡钻井作业就属于这种情况。

这些作业明显不同于传统的钻井作业。为了确保安全有效作业，进行作业的监督人员和操作人员必须熟悉这一工艺、设备和程序。因此，在启动欠平衡钻井（UBD）项目时，在方案的最初计划阶段就开始慎重考虑健康、安全、环境问题是非常关键的。

公司的健康、安全、环境管理系统描述了实现健康、安全、环境目标的方式。与其他管理系统相同，它也是通过关键活动来实现的。这确保了：

- 有效控制关键的作业步骤；
- 现场备有操作程序及文件资料；
- 及时评估和报告作业动态；
- 识别需要改进的方面。

欠平衡钻井作业健康、安全、环境管理的详细批准文件可从 IADC UBO 网站获取。

3.13.1 环境方面

欠平衡钻井作业系统是一个全封闭系统。采用欠平衡钻井作业系统并结合岩屑注入系统和封闭泥浆池系统，可以在酸性储层中安全钻井。在钻井过程中要尽可能保持较低的压力和排量，其目的并不是为了钻开油层的同时以最大生产能力开采。

在欠平衡钻井过程中，通过试井可获得有关产能的信息。欠平衡钻井作业过程中得到的油气可以送到平台处理厂、输出或燃烧掉。

目前正在尝试减少燃烧的方法，开始进行烃类产品回收以供输出。在高产井钻井过程中，可能会燃烧掉大量天然气，而回收这些天然气可以获得很高的环境效益和经济效益。回收的石油和凝析油一般通过油罐输出至加工厂。

3.13.2 安全方面

在欠平衡钻井中，除了需要完备的危害与可行性分析外，还必须对工作人员进行大量的培训。在钻井队员工的职业生涯中，受到的教导是：如果发生井涌，必须关井并压井。在欠平衡钻井过程中，需避免的作业项目正是压井。因为压井会损失欠平衡钻井的全部益处。在压力过大的井中作业时，对于钻井工人来说不是正常作业，因此需要进行良好培训，避免事故的发生。

与常规钻井作业相比，欠平衡钻井过程更加复杂，钻井过程可能需要注入气体、表面分离及强行下入作业等。有时还需将产出的烃类产品泵入到加工流程中，很显然钻井不再是一个单项的作业。

在欠平衡钻井作业中储层是动力。司钻必须了解作业过程以及储层、液体泵流速度、气体注入和分离作业系统之间的相互关系，进行安全钻井。起下钻开始后，必须对井始终进行控制。强行下入和起出钻杆不是常规作业，一般由专业的强行下入作业人员来执行。

附加设备也需要配备大量人员。因此，除了更复杂的作业外，钻井装置上还需要大量的服务人员与钻井工人一起进行作业。然而一旦完井后，钻井工人将恢复常规钻井，因此需要对钻井工人培训这种作业方式的转变。

如果某油田的数口井需采用欠平衡钻井，对储层段进行分批钻进可能是一个可选方案，这有利于减少人员调动和钻井队的日常工作。但必须说明的是，在欠平衡钻井中很少发生事故，人们认为这是由于在高压井作业中高度强调了安全问题。

3.14 详细成本估算

详尽的成本预算可以列出项目所用的所有设备和人员的费用。这些详尽的成本预算通常作为欠平衡钻井服务提供方和作业者签订的商业合同的一部分。

许多合同中都包括这些费用明细，并且可对项目的月度发票进行快速核查，确定费用是否超出。

因为对合同的解释和设备的维修费用经常产生分歧，通常将设备维护费用作为作业费用的一部分。

通常，评估完所有的工程问题和确定了额外的服务及需求范围后，就可以进行详尽的成本预算。

3.15 欠平衡钻井方案

欠平衡钻井方案可以是整个钻井方案中的一部分，也可以作为一个独立的钻井方案。欠平衡钻井（UBD）方案中至少需要包括以下章节。

（1）前言：介绍欠平衡钻井目的、钻井危险级别和作业原因。

（2）井资料：井基本资料，如井位、目的层、井眼轨迹以及储层简略描述（包括储层压力和深度）。

在欠平衡钻井前，对预计井况、已下入套管和油管的复核是很重要的。

井眼轨迹信息，如长度、造斜率、井斜角和井眼尺寸一般需要在这时提供。

表 3.15 预期储层性质

项　目	数　值
储层名称：	井名/编号：
水下垂直深度	
总厚度（ft）	
有效厚度/总厚度	
平均孔隙率	
净产层厚度	
平均含水饱和度	
地层类型	
渗透率	
入流顶部深度（ft）	
入流底部深度（ft）	
储层流体	
气油比（scf/sth）	
储层采油指数（bbls/d/psi/ft）	
储层压力	
温度	
气体相对密度	
原油 API 度	

（3）阶段目标：简要说明采用欠平衡钻井的原因及作业目标。如果钻井方案中要求最高产量或钻井的最大深度/长度，还应包括钻井总深度标准。

（4）作业程序：提供欠平衡钻井的详细步骤。

（5）钻井参数：提供预期所用钻头清单以及钻井参数的详细资料。

（6）钻柱设计与组成：这部分对欠平衡钻井作业的钻柱设计，以及使用了何种设备、安装位置及原因进行详细说明，同时应列出单向阀的位置和类型。如果使用了井下马达，需要提供出厂详细资料，包括通过马达的最大流量和压力。

（7）井眼轨迹和定向问题：该部分应给出欠平衡钻井作业的定向要求以及作业过程中可能遇

到的任何定向钻进问题。

（8）欠平衡钻井水力学问题：这里应列出所有流动模拟图和欠平衡钻井参数，包括所用的流体和气体。也应列出预期的井底压力，储层压力以及预期的环空流速。

（9）井控：预期的井控措施必须是欠平衡钻井程序的一部分。

（10）时限：列出预计的机械钻速和相关时限。

（11）设备：欠平衡钻井设备的详细资料以及在连续油管作业中连续油管及相关欠平衡钻井设备的详细资料是钻井方案的必要补充。在进行 HAZOP／HAZID 审查和会议期间，该详细清单可节省大量时间。

一旦完成详细的项目方案，就可以考虑将该方案付诸实施了。

4 重要的欠平衡钻井事件

欧洲在 1995 年从加拿大引入了欠平衡钻井技术。最初用于陆上钻井，1997 年 7 月首次在英国洛斯托夫特茨城的海上运用欠平衡钻井技术钻了第一口井，此后，欠平衡钻井技术开始用于海上钻井。表 3.16 列出了一些重要的欠平衡钻井事件。

表 3.16 重要的欠平衡钻井事件

年度	国家	作业公司	详细资料
1995	德国	BEB	Ulsen
		RWE-DEA	Breitbrunn 储气
	澳大利亚	WAPET	
1996	丹麦	Maersk	连续油管
	荷兰	NAM	连续油管
	英国	Pentex	陆上油田使用连续油管
1997	英国	Shell	第一口海上井
	墨西哥	Pemex	GOM 海上井
	印度尼西亚	Mobil	Arun 气田（枯竭）
	西班牙	SESA	
	阿尔及利亚	Sonarco	
	阿曼	PDO	
	阿根廷	YPF	
1998	英国	Shell	海上，Barque & Clipper
	英国	Edinburgh Oil & Gas	海特菲摩尔草原
	荷兰	NAM	K17，海上欠平衡钻井，尾管
	印度尼西亚	Kufpec	Oseil Field
	意大利	Agip/SPI	西西里岛
1999	英国	Shell	Galleon & Barque
	沙迦	BP Amoco	水平油井
	巴西	Petrobras	巴西 Estreito 陆上油田
	印度尼西亚	YPF Maxus	Krisna 气田的第一口海上井
	阿尔及利亚	Sonarco	Rhourde El Baquel Field
2000	英国	Shell	北海南部
	沙迦	BP Amoco	水平油井
	巴西	Petrobras	浮式平台上第一口低压头井
	阿曼	PDO	在 Yibal 气田欠平衡挠性管钻井
	英国	Talisman	北海第一口欠平衡挠性管技术钻井
	立陶宛	Minijos Nafta	油田新井
2001	澳大利亚	Santos	Cooper 盆地岸上

续表

年度	国家	作业公司	详细资料
2001	立陶宛	Minijos Nafta	油田新井
	英国	Talisman	浮式平台的第二口连续油管井
	印度尼西亚	Exxon Mobil	Arun 气田（枯竭）
	阿曼	Occidental	Safah 陆上油田
	哥伦比亚	BP	Cusiana/Cupiagua 区五口井
	沙捞越	Shell	Miri 第一批欠平衡钻井
	中国	大庆	大庆油田第一口欠平衡钻井
2002	英国	Talisman	在 Buchan 钻的又一批井
	英国	Shell	北海南部钻的又一批井
	哥伦比亚	BP	Cusiana/Cupiagua 区域欠平衡连续油管钻井
	立陶宛	Minijos Nafta	继续以前的欠平衡钻井项目
	印度尼西亚	Pertamina	水平位移 1600ft，陆上钻井
	阿曼	PDO	2002 年，Nimir 区域总共钻了 8 口井
	约旦	NPC Jordan	在约旦东部含气体砂岩新钻井。一口新井，两个老井侧钻井眼
2003	叙利亚	Al Furat	在 Shiranish 砂岩层用欠平衡技术钻了两口新井
	巴西	Petrobras	在 Alagoas 盆地 Carmopolis 区域用欠平衡技术钻了几口井
	委内瑞拉	PDVSA	委内瑞拉东部低压头钻出 1200ft 水平段
	委内瑞拉	PDVSA	在马拉开波湖的 Laggomar 区块采用欠平衡普通钻杆钻进
	委内瑞拉	PDVSA	在 Barinas 区域海岸上用充氮油基泥浆体系进行钻井作业

自 2003 年起，应用欠平衡技术所钻井数目持续增加，越来越多的作业者运用欠平衡钻井技术来勘探油气储量，增加产量，减少钻井问题。

附录 1　欠平衡钻井服务公司

威德福（Weatherford）

威德福公司拥有安全有效的欠平衡钻井综合方案，可满足世界范围内增长的产量需求。

来自德士古、Dailey、Alpine 油田服务公司、ECD 西北公司以及最近 Precission 能源服务公司的领先 UBS 技术的研发和战略研究，使威德福 UBS 成为国际上进行海上和深水环境中欠平衡钻井作业的主要公司。

网址：http://www.weatherford.com

哈里伯顿（Halliburton）

Halliburton 提供的欠平衡方案注重于提高储层性能，并将安全和环境作为优先考虑因素。Halliburton 提供自己的欠平衡钻井分离系统和油气藏工程技术。

网址：http://www.halliburton.com

Shaffer

Shaffer 向欠平衡钻井市场提供旋转控制头系统。

Tesco

Tesco 公司向欠平衡钻井行业提供钻台安装不压井作业系统。

网址：http://www.tescocorp.com

Leading Edge Advantage

Leading Edge Advantage 独立提供主要涉及欠平衡钻井挠性管作业的工程和项目管理服务。

网址：http://www.lealtd.com

Blade Energy Partners

Blade 向欠平衡钻井行业提供独立的工程和项目管理。他们也把欠平衡钻井技术高级培训和欠平衡钻井井控培训作为服务项目之一。

网址：http://www.blade-energy.com

Scandpower

他们与 Scandpower 合作，共同开发欠平衡钻井技术动态模拟装置用于培训和模拟现场作业。

网址：www.scandpowerpt.com

Neotec

WELLFLO 7 已经成为世界范围的欠平衡钻井流动模拟的行业标准软件。

网址：http://www.neotec.com

附录 2　常用缩写

BHA　底部钻具组合

BHP　井底压力

BOE　当量油桶数

BOP　防喷器

ECD　当量循环密度

EMWD　随钻电磁测量

ERD　大位移井

ESD　紧急事故关井

GPM　加仑／分钟

HAZOP　危险分析作业

HPHT　高压高温

HSE　健康、安全和环境

IADC　国际钻井承包商协会

MMscft/day　百万标准立方英尺／日

MWD　随钻测井

NDT　无损探伤

PCWD　随钻压力控制

PDM　容积式马达

PSI　磅／平方英寸

RCD　旋转控制转向器

RBOP　旋转防喷器

ROP　机械钻速

TD　总深

TVD　垂深

UBD　欠平衡钻井

参考文献

14734	Westermark, R.V, "Drilling With a Parasite Aerating String in the Disturbed Belt, Gallatin County, Montana ", SPE paper 14734, presented at the 1986 IADC/SPE Drilling Conference held in Dallas, TX, February 10-12 1986.
37066	Saponja, J,"Challenges With Jointed-Pipe Underbalanced Operations" Paper SPE 37066 first presented at the 1996 SPE International Conference on Horizontal Well Technology held in Calgary, 18-20 November.
37138	B.D. Brant, T.F. Brent, R.F Bietz, "Formation Damage and Horizontal Wells-A Productivity Killer?" SPE paper 37138 presented at the 1996 SPE International Conference on Horizontal Well Technology held in Calgary, Canada, 18-20 November.
39303	Bijleveld, A.F, Koper, M, Saponja, J. "Development and Application of an underbalanced drilling simulator", SPE 39303, paper presented at the SPE/IADC Drilling Conference held in Dallas, Texas 3-6 March 1998.
39924	D.L Purvis, SPE, and D,D. Smith, SPE, BJ Services,"Underbalanced Drilling in the Williston Basin", SPE 39924, paper presented at the SPE Rocky Mountain low permeability reservoir symposium held in Denver Colorado 5-8 April 1998.
46042	Graham, R.A, "Planning for underbalanced drilling using coiled tubing", SPE 46042, paper presented at the SPE/Icota Coiled tubing round table held in Houston, Texas 15,16 April, 1998.
46039	Chitty, G, H. "Corrosion Issues with underbalanced drilling in H_2S reservoirs" SPE 46039, paper presented at the SPE/Icota Coiled tubing round table held in Houston, Texas 15,16 April, 1998.
48982	Saintpere S, Hertzhaft, B, "Stability and flowing properties of aqueous foams for underbalanced drilling", SPE paper 48982, paper presented at the SPE annual technical conference and exhibition held in New Orleans, Louisiana, 27-30 September 1998.
51500	Smith SP, Gregory G.A, Munro, N, "Application of multiphase flow methods to underbalanced horizontal drilling", SPE paper 51500, paper presented at SPE international conference on horizontal well technology, held in Calgary, Alberta, Canada, 1-4 November 1998.
52826	Nas.S, "Underbalanced drilling in a depleted gas field onshore UK with coiled tubing and stable foam" SPE paper 52826, presented at the SPE/IADC drilling conference held in Amsterdam, Netherlands 9-11 March, 1999.
52827	Robichaux, D. "Successful Use of the Hydraulic Workover Unit Method for Underbalanced Drilling" SPE paper 52827, presented at the SPE/IADC drilling conference held in Amsterdam, Netherlands 9-11 March, 1999.
52829	Lage, A, Nakagawa, E, Time, R, Vefring, E, Rommetveit,R, "Full-scale Experimental Study for Improved Understanding of Transient Phenomena in Underbalanced Drilling Operations", SPE paper 52829, presented at the SPE/IADC drilling conference held in Amsterdam, Netherlands 9-11 March, 1999.
52832	Alvaro Felippe Negrão, SPE, IADC, Halliburton Energy Services; Nilo Azevedo Duarte Planning an Effective Aerated Drilling Operation in Hard Formation Based on Cost Analysis, " SPE Paper 52832" presented at the 1999 SPE/IADC Drilling Conference held in Amsterdam, Holland, 9-11 March 1999.
52833	Gedge, B, "Underbalanced Drilling gains acceptance in Europe and the International Arena", SPE paper 52833, presented at the SPE/IADC drilling conference held in Amsterdam, Netherlands 9-11 March, 1999.
52889	Bennion, D.B. Thomas, F.B. Bietz, R.F and Bennion, D.W, "Underbalanced Drilling: Praises and Perils", SPE paper 52889, presented at the 1996 SPE Permian Basin Oil and Gas Recovery Conference held in Midland, Texas, 27-29 March 1996.
54483	Luft H.B, Wilde G, "Industry Guidelines for Underbalanced Coiled Tubing Drilling of Critical Sour Wells", SPE paper 54483, presented at the SPE/ICoTA Coiled Tubing Roundtable held in Houston, Texas, 25-26 May 1999.
54717	Cor P.J.W. van Kruijsdijk, and Richard J.W. Cox, "Testing While Underbalanced Drilling: Horizontal Well Permeability Profiles" SPE paper 54717, presented at the 1999 SPE European Formation Damage Conference held in The Hague, The Netherlands, 31 May–1 June 1999.
55036	R.J. Cox, Jeff Li, and G.S. Lupick. "Horizontal Underbalanced Drilling of Gas Wells with Coiled Tubing" SPE paper 55036 presented at the SPE/IADC Drilling Conference held in Amsterdam, 4-6 March 1997.
55606	D R. Giffin, W. C. Lyons, "Case Histories of Design and Implementation of Underbalanced Wells", SPE paper 55606 presented at the 1999 SPE Rocky Mountain Regional Meeting held in Gillette, Wyoming, 15-18 May 1999.
56633	S. Saintpere, B. Herzhaft, A. Toure, S. Jollet, "Rheological Properties of Aqueous Foams for Underbalanced Drilling", SPE paper 56633 presented at the 1999 SPE Annual Technical Conference and Exhibition held in Houston, Texas, 3-6 October 1999.

56865	A.F. Negra, A.C.V.M. Lage, and J.C. Cunha, "An Overview of Air/Gas/Foam Drilling in Brazil", SPE paper 56865 presented at the 1997 SPE/IADC Drilling Conference held in Amsterdam, 4-6 March.
56684	L. Larsen, F. Nilsen, "Inflow Predictions and Testing While Underbalanced Drilling", SPE paper 56684 presented at the 1999 SPE Annual Technical Conference and Exhibition held in Houston, Texas, 3-6 October 1999.
56877	N.P. Tetley, V. Hazzard, and T. Neciri, "Application of Diamond-Enhanced Insert Bits in Underbalanced Drilling" SPE paper 56877 presented at the 1999 SPE Annual Technical Conference and Exhibition held in Houston, Texas, 3-6 October 1999.
56920	R. Rommetveit, O. Sævareid, A. Lage, A. Guarneri, C. Georges, E. Nakagawa, and A. Bijleveld, "Dynamic Underbalanced Drilling Effects are Predicted by Design Model."SPE paper 56920 presented at the 1999 Offshore Europe Conference held in Aberdeen, Scotland, 7-9 September 1999.
57569	R. Mathes, L.J. Jack, "Successful Drilling of an Underbalanced, Dual-Lateral Horizontal Well in the Sajaa Field, Sharjah, UAE", SPE paper 57569 presented at the 1999 SPE/IADC Middle East Drilling Technology Conference held in Abu Dhabi, UAE, 8-10 November 1999.
57571	J van Venrooy, N van Beelen; T Hoekstra; A Fleck, G Bell, A Weihe, "Underbalanced Drilling With Coiled Tubing in Oman" SPE paper 57571 presented at the 1999 SPE/IADC Middle East Drilling Technology Conference held in Abu Dhabi, UAE, 8-10 November 1999.
58739	H. Santos, J. Queiroz, "How Effective is Underbalanced Drilling at Preventing Formation Damage?" SPE paper 58739 presented at the 2000 SPE International Symposium on Formation Damage Control held in Lafayette, Louisiana, 23–24 February 2000.
58800	S. Luo, Y. Meng, H. Tang, and Y. Zhou, "A New Drill-In Fluid Used for Successful Underbalanced Drilling", SPE paper 58800 presented at the 2000 SPE International Symposium on Formation Damage Control held in Lafayette, Louisiana, 23-24 February 2000.
58972	V. Silva Jr. S Shayegi, E.Y. Nakagawa, "System for the Hydraulics Analysis of Underbalanced Drilling Projects in Offshore and Onshore Scenarios", SPE paper 58972 presented at the 2000 SPE International Petroleum Conference and Exhibition in Mexico held in Villahermosa, Mexico, 1-3 February 2000.
59054	D. Velázquez Cruz, H. Rodríguez-Hernández, I. Cortes-Monroy, D. Azpeitia-Hernández, J. Blanco-Galan, "Underbalanced Drilling Analysis of Naturally Fractured Mexican Fields through 2D Multiphase Flow", SPE paper 59054 presented at the 2000 SPE International Petroleum Conference and Exhibition in Mexico held in Villahermosa, Mexico, 1-3 February 2000.
59161	S. K. Tinkham, D. E. Meek, T. W. Staal, "Wired BHA Applications in Underbalanced Coiled Tubing Drilling", SPE paper 59161 presented at the 2000 IADC/SPE Drilling Conference held in New Orleans, Louisiana, 23-25 February 2000.
59166	D R. Giffin, W. C. Lyons, "Case Histories of Design and Implementation of Underbalanced Wells", SPE paper 59166 presented at the 2000 IADC/SPE Drilling Conference held in New Orleans, Louisiana, 23-25 February 2000.
59260	S. Luo, R. Hong, Y. Meng, L. Zhang, Y. Li, C. Qin, "Underbalanced Drilling in High-Loss Formation Achieved Great Success – A Field Case Study", SPE paper 59260 presented at the 2000 IADC/SPE Drilling Conference held in New Orleans, Louisiana, 23-25 February 2000.
59261	S. Luo,Y. Li, Y. Meng, L. Zhang, "A New Drilling Fluid for Formation Damage Control Used in Underbalanced Drilling", SPE paper 59261 presented at the 2000 IADC/SPE Drilling Conference held in New Orleans, Louisiana, 23-25 February 2000.
59743	J. L. Hunt, and S. Rester, "Reservoir Characterization During Underbalanced Drilling: A New Model", SPE paper 59743 presented at the 2000 SPE/CERI Gas Technology Symposium held in Calgary, Alberta Canada, 3-5 April 2000.
60708	D. A. A. Thatcher, G. A. Szutiak, M.M Lemay, " Integration of coiled tubing underbalanced drilling service to improve efficiency and value", SPE paper 60708 presented at the 2000 SPE/ Icota Coiled Tubing Roundtable held in Houston Texas 5-6 April 2000.
62203	S. Robinson, V. Hazzard, M. Leary, C. Carmack, "Redeveloping the Rhourde el Baguel field with underbalanced drilling operations" SPE paper 62203.
62742	Q.T. Doan, M. Oguztoreli, Y. Masuda, T. Yonezawa, A. Kobayashi, A. Kamp, "Modelling of Transient Cuttings Transport in Underbalanced Drilling", SPE paper 62742 presented at the 2000 IADC/SPE Asia Pacific Drilling Technology held in Kuala Lumpur, Malaysia, 11-13 September 2000.
62743	A.C.V.M. Lage, K.K. Fjelde, R.W. Time, "Research Underbalanced Drilling Dynamics: Two-Phase Flow Modeling and Experiments", SPE paper 62743 presented at the 2000 IADC/SPE Asia Pacific Drilling Technology held in Kuala Lumpur, Malaysia, 11-13 September 2000.

62896	C.P. Labat, D.J. Benoit, and P.R. Vining, "Underbalanced Drilling at its Limits Brings Life to Old Field", SPE paper 62896 presented at the 2000 SPE Annual Technical Conference and Exhibition held in Dallas, Texas, 1-4 October 2000.
62898	B. Herzhaft, A. Toure, F. Bruni, S. Saintpere, "Aqueous Foams for Underbalanced Drilling: The Question of Solids", SPE paper 62898 presented at the 2000 SPE Annual Technical Conference and Exhibition held in Dallas, Texas, 1-4 October 2000.
64379	J. L. Falcao and C. F. Fonseca, "Underbalanced Horizontal Drilling: A Field Study of Wellbore Stability in Brazil", SPE paper 64379 presented at the SPE Asia Pacific Oil and Gas Conference and Exhibition held in Brisbane, Australia, 16-18 October 2000.
64382	A.L.Martins, A.M.F.Lourenço, C.H.M. de Sá, "Foam Properties Requirements for Proper Hole Cleaning While Drilling Horizontal Wells in Underbalanced Conditions", SPE paper 64382 presented at the SPE Asia Pacific Oil and Gas Conference and Exhibition held in Brisbane, Australia, 16-18 October 2000.
64999	Y. Rojas, S. Kakadjian, A. Aponte, R. Márquez, and G. Sánchez, "Stability and Rheological Behavior of Aqueous Foams for Underbalanced Drilling", SPE paper 64999 presented at the 2001 SPE International Symposium on Oilfield Chemistry held in Houston, Texas, 13-16 February 2001.
65512	J.G Parra, C. Celis, S. De gennaro, " Wellbore Stability Simulations for Underbalanced drilling operations in highly depleted reservoirs", SPE paper 65512 presented at the 2000 SPE petroleum Society of CIM international conference on Horizontal well Technology held in Calgary, Alberta Canada 5-8 Nov 2000.
67688	S. Jansen, P. Brett, J. Kohnert, and R. Catchpole, "Safety Critical Learnings in Underbalanced Well Operations", SPE paper 67688 presented at the SPE/IADC Drilling Conference held in Amsterdam, The Netherlands, 27 February –1 March 2001.
67689	D. Park, P. R. Brand, B. Allyson, and G. Sodersano, "Planning and Implementation of the Repsol-YPF-MAXUS Krisna Underbalanced Drilling Project", SPE paper 67689 presented at the SPE/IADC Drilling Conference held in Amsterdam, The Netherlands, 27 February–1 March 2001.
67690	W. Kneissl, "Reservoir Characterization Whilst Underbalanced Drilling", SPE paper 67690 presented at the SPE/IADC Drilling Conference held in Amsterdam, The Netherlands, 27 February–1 March 2001.
67693	R. J. Lorentzen, K. K. Fjelde, J. Frøyen, A. C. V. M. Lage, G. Nævdal, and E. H. Vefring, "Underbalanced Drilling: Real Time Data Interpretation and Decision Support", SPE paper 67693 presented at the SPE/IADC Drilling Conference held in Amsterdam, The Netherlands, 27 February–1 March 2001.
67829	S. Nas, A. Laird, "Designing Underbalanced Thru Tubing Drilling Operations", SPE paper 67829 presented at the SPE/IADC Drilling Conference held in Amsterdam, The Netherlands, 27 February–1 March 2001.
68491	D. M. Hannegan, "Underbalanced Operations Continue Offshore Movement", SPE paper 68491 presented at the SPE/ICoTA Coiled Tubing Roundtable held in Houston, Texas, 7-8 March 2001.
68495	F. Jun, G. Changliang, S. Taihe, L. Huixing, and Y. Zhongshen, "A Comprehensive Model and Computer Simulation for Underbalanced Drilling in Oil and Gas Wells", SPE paper 68495 presented at the SPE/ICoTA Coiled Tubing Roundtable held in Houston, Texas, 7-8 March 2001.
69448	S. Nas, A. Laird, "Designing Underbalanced Thru Tubing Drilling Operations", SPE paper 69448 presented at the SPE Latin American and Caribbean Petroleum Engineering Conference held in Buenos Aires, Argentina, 25-28 March 2001.
69449	R. Rommetveit, A. C. V. M. Lage, "Designing Underbalanced and Lightweight Drilling Operations; Recent Technology Developments and Field Applications", SPE paper 69449 presented at the SPE Latin American and Caribbean Petroleum Engineering Conference held in Buenos Aires, Argentina, 25-28 March 2001.
69490	J. C. Cunha, F. Severo Rosa, H. Santos, "Horizontal underbalanced drilling in northeast Bazil: a field Case history", SPE paper 69490 presented at the SPE Latin American and Caribbean Petroleum Engineering Conference held in Buenos Aires, Argentina, 25-28 March 2001.
69496	F.J. Romero, D. Pi and A. Cinquegrani. "Underbalanced EMWD-AP At La Concepción Block, Maracaibo Basin, Venezuela", SPE paper 69496 presented at the SPE Latin American and Caribbean Petroleum Engineering Conference held in Buenos Aires, Argentina, 25-28 March 2001.
71384	R. J. Lorentzen, K. K. Fjelde, J. Frøyen, A. C. V. M. Lage, G. Nævdal, and E. H. Vefring, "Underbalanced and Low-head Drilling Operations: Real Time Interpretation of Measured Data and Operational Support", SPE paper 71384 presented at the 2001 SPE Annual Technical Conference and Exhibition held in New Orleans, Louisiana, 30 September–3 October 2001.
72153	R. Bullock, J. Karigan, T. Wiemers and S. McMillan, " New generation underbalanced drilling 4-phase surface separation technique improves operational safety, efficiency and data management capabilities", SPE paper 72153 presented at the SPE Asia Pacific Improved Oil Recovery Conference held in Kuala Lumpur, Malaysia 8-9 October 2001.

72300	M. C. Stuczynski PE, "Recovery Of Lost Reserves Through Application Of Underbalanced Drilling Techniques In The Safah Field", SPE paper 72300 presented at the IADC/SPE Middle East Drilling Technology held in Bahrain, 22–24 October 2001.
72328	B. Guo, " Use of Spreadsheet and analytical Models to Simulate Solid, Water, oil and gas flow in underbalanced drilling", SPE paper 72328 presented at the IADC/SPE Middle East Drilling Technology held in Bahrain, 22-24 October 2001.
72373	J. V. McCallister, K. L. Haddad, R. Keenan, "Underbalanced Coiled-Tubing Drilling in a Thin Gas Storage Reservoir: A Case Study", SPE paper 72373 presented at the SPE Eastern Regional Meeting held in Canton, Ohio, 17-19 October 2001.
74333	A.L. Martins, A.M.F. Lourenço, and C.H.M. de Sá, "Foam Property Requirements for Proper Hole Cleaning While Drilling Horizontal Wells in Underbalanced Conditions", SPE paper 74333 revised for publication from paper SPE 64382, first presented at the 2000 SPE Asia Pacific Oil and Gas Conference and Exhibition, Brisbane, Australia,16-18 October 2000.
74426	C. Perez-Tellez, J.R. Smith and J.K Edwards, " A new comprehensive Mechanistic Model for underbalanced drilling Improves wellbore pressure predictions", SPE paper 74426 presented at the SPE International Petroleum Conference and Exhibition in Mexico held in Villahermosa Mexico, 10-12 February 2002.
74445	R. D. Murphy, P. B. Thompson, "A Drilling Contractor's View of Underbalanced Drilling", SPE paper 74445 presented at the IADC/SPE Drilling Conference held in Dallas, Texas, 26-28 February 2002.
74446	G. Pia, T. Fuller, T Haselton, R. Kirvelis, "Underbalanced / Undervalued? Direct qualitative comparison proves the technique!", SPE paper 74446, presented at the IADC/SPE Drilling Conference held in Dallas, Texas, 26-28 February 2002.
74447	C.D. Hawkes, S.P. Smith P.J. McLellan "Coupled Modeling of Borehole Instability and Multiphase Flow for Underbalanced Drilling", SPE paper 74447, presented at the IADC/SPE Drilling Conference held in Dallas, Texas, 26-28 February 2002.
74448	D. Hannegan and R. Divine, "Underbalanced Drilling–Perceptions and Realities of Today's Technology in Offshore Applications", SPE paper 74448, presented at the IADC/SPE Drilling Conference held in Dallas, Texas, 26-28 February 2002.
74461	Weisbeck, D, Blackwell, G, Park, D, and Cheatham, C, "Case History of First Use of Extended-Range EM MWD in Offshore, Underbalanced Drilling", SPE paper 74461, presented at the IADC/SPE Drilling Conference held in Dallas, Texas, 26-28 February 2002.
74841	R.G Fraser, J. Ravensbergen, " Improving the performance of coiled tubing underbalanced horizontal drilling operations", SPE paper 74841 presented at the SPE/Icota Coiled Tubing Conference and Exhibition held in Houston Texas, USA, 9-10 April 2002.
74846	J. Hibbeler, L. Duque, L Castro, A. Gonzalez and J. Romero, " Underbalanced Coiled Tubing leads to improved productivity in slotted liner completions", SPE paper 74846 presented at the SPE/Icota Coiled Tubing Conference and Exhibition held in Houston Texas, USA, 9-10 April 2002.
77237	B. Guo, A. Ghalambor, " An Innovation in designing underbalanced drilling flow rates: A gas-Liquid rate window (GLRW) Approach", SPE paper 77237 presented at the IADC/SPE Asia Pacific Technology Conference held in Jakarta Indonesia 9-11 September 2002.
77240	S.Herbal, R. Grant, B. Grayson, D. Hosie and B. Cuthberson, " Downhole Deployment Valve Addresses Problems Associated with Tripping Drill Pipe During Underbalanced Drilling Operations", SPE paper 77240 presented at the IADC/SPE Asia Pacific Technology Conference held in Jakarta Indonesia 9-11 September 2002.
77241	J. Aasen, E. Skaugen, " Pipe Buckling at surface in underbalanced drilling", SPE paper 77241 presented at the IADC/SPE Asia Pacific Technology Conference held in Jakarta Indonesia 9-11 September 2002.
77352	J.W. Colbert, and G. Medley, "Light Annular MudCap Drilling-A Well Control Technique for Naturally Fractured Formations", SPE paper 77352, presented at the SPE Annual Technical Conference and Exhibition held in San Antonio, Texas, 29 September-2 October 2002.
77529	G. Pia, T. Fuller, T Haselton, R. Kirvelis, "Underbalanced Production Steering Delivers Record Productivity", SPE paper 77529, presented at the SPE Annual Technical Conference and Exhibition held in San Antonio, Texas, 29 September–2 October 2002.
77530	E. H. Vefring, G. Nygaard, K. K. Fjelde, J. Frøyen, R.J. Lorentzen, A. Merlo and G. Nævdal, "Reservoir Characterization during Underbalanced Drilling: method, accuracy and necessary data", SPE paper 77530 presented at the SPE Annual Technical Conference and Exhibition held in San Antonio, Texas, 29 September–2 October 2002.

78978	Y. Wang, B. Lu, " Fully coupled chemico-geomechanics model and applications to wellbore stability in Shale formation in an underbalanced field conditions", SPE paper 78978 presented at the SPE International Thermal Operations and Heavy Oil Symposium and international horizontal well technology conference held in Calgary, Alberta, Canada 4-7 November 2002.
79792	R. Cuthberson, A. Green, J. A. G. Dewar and B. Truelove, " Completion of an underbalanced well using expandable sand screen for Sand Control", SPE paper 79792 presented at the SPE/IADC Drilling conference held in Amsterdam, The Netherlands 19-21 February 2003.
79852	A. C. V. M. Lage, G. Sotomayor, A. Vargas, P. da Silva, H. L. Lira and P. Silva Filho, "The first underbalanced multilateral well branches drilled in Brazil, a field case history", SPE paper 79852 presented at the SPE/IADC Drilling conference held in Amsterdam, The Netherlands 19-21 February 2003.
79853	P.A. Francis, I.A. Davidson, S Harti, W. Geldof, M.S. Culen, T. Jenkins, "Low Risk/High reward strategy drives underbalanced drilling implementation in PDO", SPE paper 79853 presented at the SPE/IADC Drilling conference held in Amsterdam, The Netherlands 19-21 February 2003.
79854	D. Hannegan, G. Wanzer, " Well Control Considerations–Offshore Applications of underbalanced drilling Technology", SPE paper 79854 presented at the SPE/IADC Drilling conference held in Amsterdam, The Netherlands 19-21 February 2003.
79857	D. Lee, F. Brandao, G.Sotomayor, H. Lucena, and P. Silva Filho, "A New Look for an Old Field-Multilateral, Underbalanced, Semi-Short Radius Drilling Case Study: Installation of a Seven Leg Multilateral Well", SPE paper 79857 presented at the SPE/IADC Drilling conference held in Amsterdam, The Netherlands 19-21 February 2003.
80207	S. Kakadjian, B. Herzhaft, L. Neau, "HP/HT rheology of Aqueous Compressible Fluids for Underbalanced Drilling Using A Recirculating Rheometer", SPE paper 80207 presented at the SPE International Symposium on Oilfield Chemistry held in Houston, Texas, U.S.A., 5-7 February 2003.
81069	K. Schmigel, L. MacPherson, "Snubbing Provides Options for Broader Application of Underbalanced Drilling Lessons", SPE paper 81069 presented at the SPE Latin American and Caribbean Petroleum Engineering Conference held in Port-of-Spain, Trinidad, West Indies, 27-30 April 2003.
81620	A.C.V.M. Lage, G. Sotomayor, A. Vargas, R. Rodrigano, P.R.C. da Silva, H.L. Lira and P. Silva Filho, "Planning, Executing and Analyzing the Productive Life of the First Six Branches Multilateral Well Drilled Underbalanced in Brazil", SPE paper 81620 presented at the 2002 IADC/SPE Underbalanced Technology Conference and Exhibition held in Houston, Texas, U.S.A., 25-26 March 2003.
81621	H. Xiong and D. Shan, "Reservoir Criteria for Selecting Underbalanced Drilling Candidates" SPE paper 81621 presented at the 2002 IADC/SPE Underbalanced Technology Conference and Exhibition held in Houston, Texas, U.S.A., 25-26 March 2003.
81622	T. Harting, J. Gent, and T. Anderson, "Drilling Near Balance and Completing Open Hole to Minimize Formation Damage in a Sour Gas Reservoir", SPE paper 81622 presented at the 2002 IADC/SPE Underbalanced Technology Conference and Exhibition held in Houston, Texas, U.S.A., 25-26 March 2003.
81623	J. Ramalho, R. Medeiros , P.A. Francis, I.A. Davidson, "The Nimr Story: Reservoir Exploitation Using UBD Techniques", SPE paper 81623 presented at the 2002 IADC/SPE Underbalanced Technology Conference and Exhibition held in Houston, Texas, U.S.A., 25-26 March 2003.
81625	I.C. Gil, S. Shayegi, "Comparison of Wellbore Hydraulics Models to Maximize Control of BHP and Minimize Risk of Formation Damage", SPE paper 81625 presented at the 2002 IADC/SPE Underbalanced Technology Conference and Exhibition held in Houston, Texas, U.S.A., 25-26 March 2003.
81626	R. Cade, R. Kirvelis, and J. Jennings, "Does Underbalanced Drilling Really Add Reserves?", SPE paper 81626 presented at the 2002 IADC/SPE Underbalanced Technology Conference and Exhibition held in Houston, Texas, U.S.A., 25-26 March 2003.
81627	R. Divine, "Planning is Critical for Underbalance Applications with Under-experienced Operators", SPE paper 81627 presented at the 2002 IADC/SPE Underbalanced Technology Conference and Exhibition held in Houston, Texas, U.S.A., 25-26 March 2003.
81628	P. Brett, D. Weisbeck, R. Graham, SPE, "Northland Energy Services (UK) Innovative Technology Advances Use of Electromagnetic MWD Offshore in Southern North Sea", SPE paper 81628 presented at the 2002 IADC/SPE Underbalanced Technology Conference and Exhibition held in Houston, Texas, U.S.A., 25-26 March 2003.
81629	M.S. Culen, S. Harthi, and H. Hashimi, "A Direct Comparison Between Conventional and Underbalanced Drilling Techniques in the Saih Rawl Field, Oman", SPE paper 81629 presented at the 2002 IADC/SPE Underbalanced Technology Conference and Exhibition held in Houston, Texas, U.S.A., 25-26 March 2003.

81630	S. Saeed "Underbalanced Data Acquisition: A Real-Time Paradigm", SPE paper 81630 presented at the 2002 IADC/SPE Underbalanced Technology Conference and Exhibition held in Houston, Texas, U.S.A., 25-26 March 2003.
81631	C.G. Mykytiw, I.A. Davidson, P.J. Frink, "Design and Operational Considerations to Maintain Underbalanced Conditions with Concentric Casing Injection", SPE paper 81631 presented at the 2002 IADC/SPE Underbalanced Technology Conference and Exhibition held in Houston, Texas, U.S.A., 25-26 March 2003.
81632	T.Devaul, A. Coy, "Underbalanced Horizontal Drilling Yields Significant Productivity Gains in the Hugoton Field", SPE paper 81632 presented at the 2002 IADC/SPE Underbalanced Technology Conference and Exhibition held in Houston, Texas, U.S.A., 25-26 March 2003.
81633	R. Malkowski, "The Challenge Of Well Control In Under Balance Drilling And The Role Of Training In Meeting It", SPE paper 81633 presented at the 2002 IADC/SPE Underbalanced Technology Conference and Exhibition held in Houston, Texas, U.S.A., 25-26 March 2003.
81634	E.H. Vefring, G. Nygaard, R.J. Lorentzen, G. Nævdal and K.K. Fjelde, "Reservoir Characterization during UBD: Methodology and Active Tests", SPE paper 81634 presented at the 2002 IADC/SPE Underbalanced Technology Conference and Exhibition held in Houston, Texas, U.S.A., 25-26 March 2003.
81636	K.K. Fjelde, R. Rommetveit, A. Merlo, and A.C.V.M Lage, "Improvements in Dynamic Modeling of Underbalanced Drilling", SPE paper 81636 presented at the 2002 IADC/SPE Underbalanced Technology Conference and Exhibition held in Houston, Texas, U.S.A., 25-26 March 2003.
81638	J.L. Hunt, S. Rester, "Multilayer Reservoir Model Enables More Complete Reservoir Characterization During Underbalanced Drilling", SPE paper 81638 presented at the 2002 IADC/SPE Underbalanced Technology Conference and Exhibition held in Houston, Texas, U.S.A., 25-26 March 2003.
81639	P.V. Suryanarayana, S. Rahman, R. Natarajan, R. Reiley, "Development of a probabilistic model to estimate productivity improvement due to underbalanced drilling", SPE paper 81639 presented at the 2002 IADC/SPE Underbalanced Technology Conference and Exhibition held in Houston, Texas, U.S.A., 25-26 March 2003.
81640	B. Guo, K. Sun, and A. Ghalambor, "A Closed Form Hydraulics Equation for Predicting Bottom-Hole Pressure in UBD with Foam", SPE paper 81640 presented at the 2002 IADC/SPE Underbalanced Technology Conference and Exhibition held in Houston, Texas, U.S.A., 25-26 March 2003.
81644	A.A. Garrouch and H.M.S. Labbabidi, "Using Fuzzy Logic for UBD Candidate Selection", SPE paper 81644 presented at the 2002 IADC/SPE Underbalanced Technology Conference and Exhibition held in Houston, Texas, U.S.A., 25-26 March 2003.
81645	G.W. Nance, "Little Known Lubrication Method: Great Tool for UB Work", SPE paper 81645 presented at the 2002 IADC/SPE Underbalanced Technology Conference and Exhibition held in Houston, Texas, U.S.A., 25-26 March 2003.
84841	R.G Fraser, J. Ravensbergen, " Improving the performance of coiled tubing underbalanced horizontal drilling operations", SPE paper 74841 presented at the SPE/Icota Coiled Tubing Conference and Exhibition held in Houston Texas, USA, 9-10 April 2002.
85061	Q.T. Doan, M. Oguztoreli, Y. Masuda, T. Yonezawa, A. Kobayashi, S. Naganawa, and A. Kamp, "Modeling of Transient Cuttings Transport in Underbalanced Drilling (UBD)", SPE paper 85061 presented at the 2000 IADC/SPE Asia Pacific Drilling Technology Conference, Kuala Lumpur, 11-13 September.
85319	M. Sarssam, R. Peterson, M. Ward, D. Elliott, and S. McMillan, "Underbalanced Drilling For Production Enhancement in the Rasau Oil Field, Brunei", SPE paper 85319 presented at the 2004 SPE/IADC Underbalanced Technology Conference and Exhibition held in Houston, Texas, U.S.A., 11-12 October 2004.
86465	D. Biswas, and P.V. Suryanarayana, "Estimating Drilling-Induced Formation Damage Using Reservoir Simulation to Screen Underbalanced Drilling Candidates", SPE paper 86465 presented at the SPE International Symposium and Exhibition on Formation Damage Control, held in Lafayette, Louisiana, U.S.A., 18-20 February 2004.
86558	Y. Ding, B. Herzhaft and G. Renard, "Near-Wellbore Formation Damage Effects On Well Performance - A Comparison Between Underbalanced And Overbalanced Drilling", SPE paper 86558 presented at the SPE International Symposium and Exhibition on Formation Damage Control, held in Lafayette, Louisiana, U.S.A., 18-20 February 2004.
87986	A. Coy, D. Hall, and M. Vezza, "A Safe Approach to Underbalanced Drilling in H_2S Producing Fields", SPE paper 87986, presented at the IADC/SPE Asia Pacific Drilling Technology Conference and Exhibition held in Kuala Lumpur, Malaysia, 13-15 September 2004.
88698	H. Qutob "Underbalanced Drilling; Remedy for Formation Damage, Lost Circulation, & Other Related Conventional Drilling Problems", SPE paper 88698, presented at the 11th Abu Dhabi International Petroleum Exhibition and Conference held in Abu Dhabi, U.A.E., 10-13 October 2004.

89324	Y. Li and E. Kuru, "Prediction of Critical Foam Velocity for Effective Cuttings Transport in Horizontal Wells", SPE paper 89324 presented at the 2004 SPE/IADC Underbalanced Technology Conference and Exhibition held in Houston, Texas, U.S.A., 11-12 October 2004.
90185	H. Pinkstone, A. Timms, S. McMillan, R. Doll, and H. de Vries, " Underbalanced Drilling of Fractured Carbonates in Northern Thailand Overcomes Conventional Drilling Problems Leading to a Major Gas Discovery", SPE paper 90185 presented at the 2004 SPE/IADC Underbalanced Technology Conference and Exhibition held in Houston, Texas, U.S.A., 11-12 October 2004.
90836	T.W. Cavender and H.L. Restarick, "Well-Completion Techniques and Methodologies for Maintaining Underbalanced Conditions Throughout Initial and Subsequent Well Interventions", SPE paper 90836 presented at the 2004 SPE/IADC Underbalanced Technology Conference and Exhibition held in Houston, Texas, U.S.A., 11-12 October 2004.
91220	R.A. Graham and M.S. Culen, "Methodology for Manipulation of Wellhead Pressure Control for the Purpose of Recovering Gas to Process in Underbalanced Drilling Applications", SPE paper 91220 presented at the 2004 SPE/IADC Underbalanced Technology Conference and Exhibition held in Houston, Texas, U.S.A., 11-12 October 2004.
91239	J.E. Olsen, E. Vollen and T. Tønnessen, "Challenges in Implementing UBO Technology", SPE paper 91239 presented at the 2004 SPE/IADC Underbalanced Technology Conference and Exhibition held in Houston, Texas, U.S.A., 11-12 October 2004.
91242	Ø. Arild, T. Nilsen, and M. Sandøy, "Risk-Based Decision Support for Planning of an Underbalanced Drilling Operation", SPE paper 91242 presented at the 2004 SPE/IADC Underbalanced Technology Conference and Exhibition held in Houston, Texas, U.S.A., 11-12 October 2004.
91243	R. Rommetveit, K.K. Fjelde, J. Frøyen, K.S. Bjørkevoll, G. Boyce, and J.E. Olsen, "Use of Dynamic Modeling in Preparations for the Gullfaks C-5A Well", SPE paper 91243 presented at the 2004 SPE/IADC Underbalanced Technology Conference and Exhibition held in Houston, Texas, U.S.A., 11-12 October 2004.
91356	B. Guo and A. Ghalambor, "Pressure Stability Analysis for Aerated Mud Drilling Using an Analytical Hydraulics Model", SPE paper 91356 presented at the 2004 SPE/IADC Underbalanced Technology Conference and Exhibition held in Houston, Texas, U.S.A., 11-12 October 2004.
91519	D.D. Moore, A. Bencheikh, J.R. Chopty, "Drilling Underbalanced in Hassi Messaoud", SPE paper 91519 presented at the 2004 SPE/IADC Underbalanced Technology Conference and Exhibition held in Houston, Texas, U.S.A., 11-12 October 2004.
91544	S. Salimi , M. Golan, and K.I. Andersen, "Enhancement Well Productivity—Investigating the Feasibility of UBD for Minimizing Formation Damage in Naturally Fractured Carbonate Reservoirs", SPE papers 91544 presented at the 2004 SPE/IADC Underbalanced Technology Conference and Exhibition held in Houston, Texas, U.S.A., 11-12 October 2004.
91556	A. Coy, D Hall and M. Vezza, "A Safe Approach to Underbalanced Drilling in an H_2S Producing Field Leads to Operational Success and Productivity Improvement", SPE paper 91556 presented at the 2004 SPE/IADC Underbalanced Technology Conference and Exhibition held in Houston, Texas, U.S.A., 11-12 October 2004.
91566	G. Medley, and C.R. Stone, "MudCap Drilling When? Techniques for Determining When to Switch From Conventional to Underbalanced Drilling", SPE paper 91566 presented at the 2004 SPE/IADC Underbalanced Technology Conference and Exhibition held in Houston, Texas, U.S.A., 11-12 October 2004.
91558	T. Friedel and H.-D. Voigt, "Numerical Simulation of the Gas Inflow During Underbalanced Drilling (UBD) and Investigation of the Impact of UBD on Longtime Well Productivity", SPE paper 91558 presented at the 2004 SPE/IADC Underbalanced Technology Conference and Exhibition held in Houston, Texas, U.S.A., 11-12 October 2004.
91559	I. Davidson, R. Medeiros, D. Reitsma, "Changing the Value Equation for Underbalanced Drilling", SPE paper 91559 presented at the 2004 SPE/IADC Underbalanced Technology Conference and Exhibition held in Houston, Texas, U.S.A., 11-12 October 2004.
91581	J. Knight, R. Pickles, B. Smith, and M. Reynolds, "HSE Training, Implementation, and Production Results for a Long-Term Underbalanced Coiled-Tubing Multilateral Drilling Project", SPE paper 91581 presented at the 2004 SPE/IADC Underbalanced Technology Conference and Exhibition held in Houston, Texas, U.S.A., 11-12 October 2004.
91583	J.A. Cantu, J. May and J. Shelton, "Using Rotating Control Devices Safely in Today's Managed Pressure and Underbalanced Drilling Operations", SPE paper 91583 presented at the 2004 SPE/IADC Underbalanced Technology Conference and Exhibition held in Houston, Texas, U.S.A., 11-12 October 2004.

91593	D. Kimery and M. McCaffrey, "Underbalanced Drilling in Canada: Tracking the Long-Term Performance of Underbalanced Drilling Projects in Canada", SPE paper 91593 presented at the 2004 SPE/IADC Underbalanced Technology Conference and Exhibition held in Houston, Texas, U.S.A., 11-12 October 2004.
91598	C. Mykytiw, P.V. Suryanarayana, and P.R. Brand, "Practical Use of a Multiphase Flow Simulator for Underbalanced Drilling Applications Design—The Tricks of the Trade", SPE paper 91598 presented at the 2004 SPE/IADC Underbalanced Technology Conference and Exhibition held in Houston, Texas, U.S.A., 11-12 October 2004.
91607	D. Kimery and T. van der Werken, "Damage Interpretation of Properly and Improperly Drilled Underbalanced Horizontals in the Fractured Jean Marie Reservoir Using Novel Modeling and Methodology", SPE paper 91607 presented at the 2004 SPE/IADC Underbalanced Technology Conference and Exhibition held in Houston, Texas, U.S.A., 11-12 October 2004.
91610	E. Kuru, O.M. Okunsebor, Y. Li, University of Alberta, "Hydraulic Optimization of Foam Drilling For Maximum Drilling Rate", SPE paper 91610, presented at the SPE/IADC Underbalanced Technology Conference and Exhibition, 11-12 October 2004, Houston, Texas
91725	Calvin Holt, Weatherford International, "Proving UBD's Value in Brownfields and Beyond", SPE paper 91725, presented at the SPE/IADC Drilling Conference, 23-25 February 2005, Amsterdam, Netherlands
92484	L. Zhou, R.M. Ahmed, S.Z. Miska, N.E. Takach, M. Yu, University of Tulsa; A. Saasen, Statoil ASA, "Hydraulics of Drilling with Aerated Muds under Simulated Borehole Conditions", SPE paper 92484, presented at the SPE/IADC Drilling Conference, 23-25 February 2005, Amsterdam, Netherlands
92513	Randal Pruitt, Charlie Leslie, BP; Bruce Smith, WUU; Olivier Desplain, Tom Kavanagh, Schlumberger; Tony Woolham, Halliburton Energy Services; Allistar Law Baker, Hughes Inteq; Nick Christou, Weatherford GSI; Daniel Borling, BP, "Underbalanced Coiled Tubing Drilling Update on a Successful Campaign", SPE paper 92513, presented at the SPE/IADC Drilling Conference, 23-25 February 2005, Amsterdam, Netherlands
93346	H. Qutob and H. Ferreira, Weatherford Intl. Inc., "The SURE way to underbalanced Drilling", SPE paper 93346, presented at the SPE Middle East Oil and Gas Show and Conference, Mar 12-15, 2005, Kingdom of Bahrain
93695	D. Murphy, Petroleum Development Oman; I. Davidson, Shell UBD Global Implementation Team; Kennedy, Blade Energy Partners; R. Busaidi and J. Wind, Petroleum Development Oman; C. Mykytiw, Shell UBD Global Implementation Team; and L. Arsenault, Precision Drilling UBD, "Applications of Underbalanced Drilling Reservoir Characterization for Water Shut Off in a Fractured Carbonate Reservoir-A Project Overview", SPE paper 93695 presented at the Middle East Oil and Gas Show and Conference, Mar 12-15, 2005, Kingdom of Bahrain
93784	A. Timms, Amerada Hess, and K. Muir, and C. Wuest, Weatherford UBS, "Downhole Deployment Valve-Case History", SPE paper 93784 presented at the SPE Asia Pacific Oil and Gas Conference and Exhibition, 5-7 April 2005, Jakarta, Indonesia
93974	T. Friedel*, G. Mtchedlishvili, H.-D. Voigt, and F. Häfner, Freiberg U. of Mining and Technolog, "Simulation of Inflow Whilst Underbalanced Drilling (UBD) With Automatic Identification of Formation Parameters and Assessment of Uncertainty", SPE paper 93974 presented at the SPE Europec/EAGE Annual Conference, 13-16 June 2005, Madrid, Spain
94164	M.E. Ozbayoglu and C. Omurlu, Middle East Technical U. "Flow-Rate Optimization of Aerated Fluids for Underbalanced Coiled-Tubing Applications", SPE paper 94164 presented at the SPE/ICoTA Coiled Tubing Conference and Exhibition, 12-13 April 2005, The Woodlands, Texas
94169	J. Weber and D. Stilson, SPE, Kinder Morgan Inc., and D. McClatchie, S. Denton, and L. King, SPE, BJ Services Co., "Improving the Efficiency of Gas-Storage-Well Completions Using Underbalanced Drilling With Coiled Tubing", SPE paper 94169 presented at the SPE/ICoTA Coiled Tubing Conference and Exhibition, 12-13 April 2005, The Woodlands, Texas
94469	Y. Meng, SPE, Southwest Petroleum Inst.; L. Wan, Tubular Goods Research Center; X. Chen and G. Chen, Great Wall Drilling Co.; L. Yang, Tubular Goods Research Center; and J. Wang, Xi'An ShiYou U., "Discussion of Foam Corrosion Inhibition in Air Foam Drilling", SPE paper 94469 presented at the SPE International Symposium on Oilfield Corrosion, 13 May 2005, Aberdeen, United Kingdom
94763	M.S. Culen and D.R. Killip, Precision Drilling Services & Co, "Forensic Reservoir Characterisation Enabled with Underbalanced Drilling", SPE paper 94763 presented at the SPE European Formation Damage Conference, 25-27 May, Sheveningen, The Netherlands
95861	P.V. Suryanarayana, and Z. Wu, Blade Energy Partners; J. Ramalho, Shell Intl. E&P; and R. Himes, Stim Lab Division of Core Laboratories, "Dynamic Modeling of Invasion Damage and Its Impact on Production in Horizontal Wells", SPE paper 95861 presented at the SPE Annual Technical Conference and Exhibition, 9-12 October 2005, Dallas, Texas

96282	B. Webster and M. Pitman, Baker Oil Tools, and R. Pruitt, BP, "Worlds First Coiled Tubing Under-balanced Casing Exit Using Nitrogen Gas as the Milling Fluid", SPE paper 96282 presented at the Offshore Europe conference, 6-9 September 2005, Aberdeen, United Kingdom
96646	D. Reitsma, E. van Riet, Shell International Exploration & Production B.V., "Utilizing an Automated Annular Pressure Control System for Managed Pressure Drilling in Mature Offshore Oilfields", SPE paper 96646 presented at the Offshore Europe Conference, 6-9 September 2005, Aberdeen, United Kingdom.
96992	A.P. Gupta, A. Gupta, J. Langlinais, Louisiana State U., "Feasibility of Supercritical Carbon Dioxide as a Drilling Fluid for Deep Underbalanced Drilling Operation", SPE paper 96992 presented at the SPE Annual Technical Conference and Exhibition, 9-12 October 2005, Dallas, Texas.
97025	H. Santos and P. Reid, Impact Solutions Group; J. Jones, Drilling Systems; and J. McCaskill, Power Chokes, "Developing the Micro-Flux Control Method—Part 1: System Development, Field Test Preparation, and Results", SPE paper 97025 presented at the SPE/IADC Middle East Drilling Technology Conference and Exhibition, 12-14 September 2005, Dubai, United Arab Emirates.
97028	J.E. Gravdal, R.J. Lorentzen, K.K. Fjelde, and E.H. Vefring, RF-Rogaland Research, "Title Tuning of Computer Model Parameters in Managed-Pressure Drilling Applications Using an Unscented Kalman Filter Technique", SPE paper 97028 presented at the SPE Annual Technical Conference and Exhibition, 9-12 October 2005, Dallas, Texas
97317	S.R. Shadizadeh, Petroleum U. of Technology, M. Zaferanieh, Petroiran Development Co. , "The Feasibility Study of Using Underbalanced Drilling in Iranian Oil Fields", SPE paper 97317 presented at the SPE/IADC Middle East Drilling Technology Conference and Exhibition, 12-14 September 2005, Dubai, United Arab Emirates
97372	G. Nygaard, K.-K. Fjelde, G. Nævdal, R.J. Lorentzen, and E.H. Vefring, RF-Rogaland Research, "Evaluation of Drillstring and Casing Instrumentation Needed for Reservoir Characterization During Drilling Operations", SPE paper 97372 presented at the SPE/IADC Middle East Drilling Technology Conference and Exhibition, 12-14 September 2005, Dubai, United Arab Emirates.
98083	B. Guo, and A. Ghalambor, U. of Louisiana at Lafayette, "A Guideline to Optimizing Pressure Differential in Underbalanced Drilling for Reducing Formation Damage", SPE paper 98083 presented at the International Symposium and Exhibition on Formation Damage Control, 15-17 February 2006, Lafayette, Louisiana U.S.A.
98787	J. Saponja, Weatherford Canada Partnership; A. Adeleye, Anadarko Corp. Canada; and B. Hucik, Canadian Natural Resources Ltd. "Managed-Pressure Drilling (MPD) Field Trials Demonstrate Technology Value", SPE paper 98787 presented at the IADC/SPE Drilling Conference, 21-23 February 2006, Miami, Florida, USA
98926	L. Zhou, Scandpower Petroleum Technology Inc., "Hole Cleaning During UBD in Horizontal and Inclined Wellbore", SPE paper 98926 presented at the IADC/SPE Drilling Conference, 21-23 February 2006, Miami, Florida, USA.
99075	K.S. Bjørkevoll, and R. Rommetveit, SINTEF Petroleum Research, and A. Rønneberg and B. Larsen, Statoil, "Successful Field Use of Advanced Dynamic Models", SPE paper 99075 presented at the IADC/SPE Drilling Conference, 21-23 February 2006, Miami, Florida, USA
99113	A.M.F. Lourenço, A.L. Martins, P.H. Andrade Jr., and E. Y. Nakagawa, Petrobras, "Investigating Solids-Carrying Capacity for an Optimized Hydraulics Program in Aerated Polymer-Based-Fluid Drilling", SPE paper 99113 presented at the IADC/SPE Drilling Conference, 21-23 February 2006, Miami, Florida, USA
99116	R. Soto, J. Malavé, M. Medina, and C. Díaz, PDVSA, "Managed Pressure Drilling (MPD): Planning a Solution for San Joaquin Field, Venezuela", SPE paper 99116 presented at the IADC/SPE Drilling Conference, 21-23 February 2006, Miami, Florida, USA
99165	M. Azeemuddin, and D. Maya, Baker Atlas; E.A. Guzman, PDVSA; and S.H. Ong, Baker Atlas, "Underbalanced Drilling Borehole Stability Evaluation and Implementation in Depleted Reservoirs, San Joaquin Field, Eastern Venezuela", SPE paper 99165 presented at the IADC/SPE Drilling Conference, 21-23 February 2006, Miami, Florida, USA

Gas research Institute. Underbalanced Drilling Manual. Published by Gas research Institute Chicago Illinois.GRI-97/0236

Proceedings from 1st International Underbalanced drilling Conference & exhibition held in The Hague, Holland 1995

Proceedings from 3rd International Underbalanced drilling Conference & exhibition held in The Hague,

Holland 1997

Maurer Engineering Inc. Underbalanced Drilling and Completion Manual. DEA 101 phase 1. October 1996

Proceedings from the North Sea Underbalanced Operations Forum held in Aberdeen 1996

Proceedings from the first IADC Underbalanced drilling Conference & exhibition held in The Hague, Holland 1998

Proceedings from the 2000 IADC Underbalanced drilling Conference & exhibition held in Houston Texas

Proceedings from the IADC Underbalanced drilling Conference & exhibition held in Aberdeen 2001